U0052129

產熱燃脂操

肌肉發熱，讓你一身健美

講師：中村格子

CONTENTS

前言

「瘦=美麗」的迷思

每當夏季來臨換上輕薄的衣物時，最讓人在意的就是冬季以來身體的變化。「肚子的贅肉變多了！」、「雙臂蝴蝶袖愈來愈明顯了！」……有這些煩惱的人肯定不在少數。通常這種時候，大家心中應該都會浮現「非減肥不可！」的想法。但是，請稍安勿躁，先想一下：就算真的瘦下來，你確定贅肉就真的會消失嗎？答案是NO！

形成「中年體型」的最大原因，其實並不是體重增加，而是肌肉鬆弛。隨著年齡增加，身體的肌肉會逐漸減少，這時候當務之急不是進行「節食減肥」，而是應該「增加肌肉，提高代謝」！

所謂「代謝」就是一個能量消耗的機制，將從體外攝取的營養或累積於體內的體脂肪轉換成熱能。在能量轉換的過程中，有70%的能量應用於內臟細胞運作和控制體溫等方面。肌肉所消耗的熱能也相當可觀，肌肉量愈多，基礎代謝率愈高，無論是步行或做家事等日常活動，都可以燃燒大量的熱能。一般而言，到了四、五十歲，人體的肌肉量開始減少，此時的基礎代謝率大約是小學四年級生的程度。如果持續放任不管，就會逐漸演變為「代謝不佳」的老化身體。

藉由產熱鍛鍊的訓練，身體能夠長肌肉，贅肉也不易囤積。只要能持續進行產熱鍛鍊，身體就會變得緊實有致，且不易變胖。趁年輕開始保養非常重要，但是，無論從幾歲開始鍛鍊都沒有問題！建議藉由產熱鍛鍊保養身體，代謝良好就能擁有活力十足、精力充沛、元氣滿滿的自己！

CHECK!

有以下狀況的人請注意！

- ☐ 經常不吃早餐
- ☐ 很多東西不能吃
- ☐ 嗜吃甜食
- ☐ 沒有運動習慣
- ☐ 走路比其他人慢
- ☐ 手腳冰冷
- ☐ 正常體溫約35℃
- ☐ 怕冷體質
- ☐ 早起時很痛苦
- ☐ 最近容易疲倦

只要符合其中一個選項，
就有可能代謝不佳。

講師　中村格子

骨科醫生、醫學博士、運動醫學醫生。橫濱市立大學客座教授。擔任日本各種競技國家代表隊的醫生，負責頂尖選手的指導與治療工作。秉持著「健康就是美」的信念，研發出任何人都容易實踐且深具療效的運動。活躍於電視、雜誌等各媒體，淺顯易懂的指導原則博得了很高的人氣。著作繁多，包括《40代からはやせてもきれいになれません！》（Orange page）等。

什麼是產熱鍛鍊？

你是否常常覺得只是稍微吃了一點就胖了，又或者就算減肥也不見效果呢？這種令人苦惱的身體狀況，究其根本，就是體內無法產生足夠的熱能，也就是「產熱效應」低落。人類與生俱來就能夠自己生產與製造熱能，這是身體的運作機制，如果身體產生熱能的運作正常且代謝良好，就能夠確實地燃燒所攝取的熱量和體脂肪。相反地，產熱效應低落的身體，無法有效率地燃燒熱量，久而久之，身體會自動將多餘的熱量轉換成體脂肪且不斷囤積於體內，自然而然就形成了易胖體質。

所謂「產熱鍛鍊」就是提高產熱效應的一種訓練。一旦提到「訓練」，就讓人容易聯想到「運動」，但是產熱鍛鍊不光是運動也要注意飲食，要雙管齊下。

以「產熱鍛鍊」打造充滿元氣的身體

二十歲左右的年齡層，身體的代謝良好，就好比跑車配置了馬力十足的引擎一樣，這個時候身體就像車子一般，不斷地燃燒著汽油，產生出巨大的馬力，急速地往前奔馳。然而，隨著年紀的增長，引擎逐漸沒力，身體好像變成了馬力小的小型車。倘若放任不管，燃燒效率會進一步惡化，最終導致無法順利奔馳。

為了使引擎已難以運轉的車子再次順利跑動，必須進行維修，啟動引擎，並且補充汽油與潤滑油，而這正是所謂的「產熱鍛鍊」精神！藉由運動以增長肌肉，就如同給「引擎」增加馬力；營養均衡的飲食就如同燃料「汽油」，或讓引擎順暢轉動的「潤滑油」。產熱鍛鍊的目標就是希望透過適當的運動和飲食，打造具有高效能產熱作用的身體。

當年紀愈來愈大，實際感受到代謝率低落時，你或許會認為「已經上了年紀也沒辦法」而放棄尋找改善的機會。其實，只要實行產熱鍛鍊，代謝率就會提升，就能打造出燃燒效率佳、不易變胖的體質。甚至能夠養成不易感到疲倦、元氣飽滿、洋溢青春活力的身體。

本書規劃了八個單元來介紹產熱鍛鍊的相關運動，飲食相關的觀念則請見P.10至P.11，請搭配運動的訓練，一起實踐產熱鍛鍊。

火力全開！
把自己打造成一部高效能跑車

產熱鍛鍊就是提升身體的產熱作用並促進代謝率。
實行產熱鍛鍊就像搭載大汽缸引擎的跑車，
身體能夠燃燒大量的熱能，
展現出高度的活動力。

產熱效應佳，身體就像跑車！

產熱作用良好的身體，不停燃燒著已攝取的熱能，就像一部急速奔馳的跑車，大汽缸引擎不斷燃燒著大量的燃料。這種狀況下，身體擁有了足夠的元氣，脂肪也得以一併徹底燃燒，成為不易變胖的體質！

食物就是「燃料」

車子行駛時，需要汽油作為燃料，也需要潤滑油，促使轉換能量的回路順利運轉。在產熱鍛鍊中，飲食需要配合代謝循環，藉此達到提升代謝率的目的。

肌肉就是「引擎」

身體中最能有效燃燒熱能的肌肉，等同於車子的引擎。透過增加肌肉量，就如同在車子中安裝能產生高效馬力的引擎一般，這都是產熱鍛鍊中極為重要的課題。

利用有點喘的運動，增加身體肌肉量

肌肉就像是產生熱力的引擎，消耗著大量的熱能。隨著年齡增加，身體容易變胖的因素就是肌肉量減少。產熱鍛鍊的第一步就是要利用運動確實訓練肌肉，並增加肌肉量，以提升產熱效應。

不少有健康意識的人，同時也都會習慣健走或做瑜伽。每天持續做運動是一件很棒的習慣，但是，也許你的運動量對產熱鍛鍊而言，顯然還是不足。重要的關鍵就是要使用身體的大肌肉，愈大的肌肉，就愈能燃燒出大量的熱能，提升產熱鍛鍊的效果。

伸展運動可刺激&鍛鍊肌肉，增加肌肉量

運動強度很重要，訓練中存在著一種「超負荷法則」，也就是，如果不進行高於目前體能強度的訓練，肌肉量就不會增加。換句話說，如果只是重複一些可輕鬆完成的運動，只能維持肌肉，無法達到增加肌肉的目的。

對於肌肉量不足的人而言，突然要進行超過負荷的運動，想必不是件容易的事情。如果平時沒有固定運動的習慣，也有可能發生肌肉、關節僵硬，或失去功能的情形。為了順利執行超負荷運動，一定要重視緩和僵硬的部位，使身體處於易於運動的狀態，同時也要慢慢地逐漸加大負荷量。過程中請勿勉強，建議從適合自己強度的運動開始，再慢慢逐步加重負荷。

一開始可從平常的姿勢或走路方式著手進行，並循序漸進提高運動強度。可利用伸展操放鬆肌肉進行「微熱鍛鍊」，接著稍加負荷進行「溫熱鍛鍊」，最後進行能燃燒大量熱能的「炙熱鍛鍊」。最適合自己的強度就是感覺「有點兒吃力」的程度，本書各單元的訓練內容標示有標準次數，但是如果覺得動作輕而易舉，就請自行增加次數。持續進行運動，讓自己感覺到有點喘，肌肉量就能一點一點增加，將身體逐漸調整成產熱效應良好的狀態。

增加肌肉量，
塑造緊實的身體線條

肌肉將囤積體內的脂肪轉換成能量，釋放熱能。
只要肌肉量增加，熱量消耗率也會自然地增加。
多餘的脂肪不斷燃燒，即可塑造毫無贅肉的緊實線條。

（相同的身高&體重，外形大不同！）

如果肌肉量少……

產熱效應低，
代謝率降也低

↓

攝取的熱量和體脂肪無法被消耗，多餘熱量囤積體內

↓

腹部與臀部累積贅肉

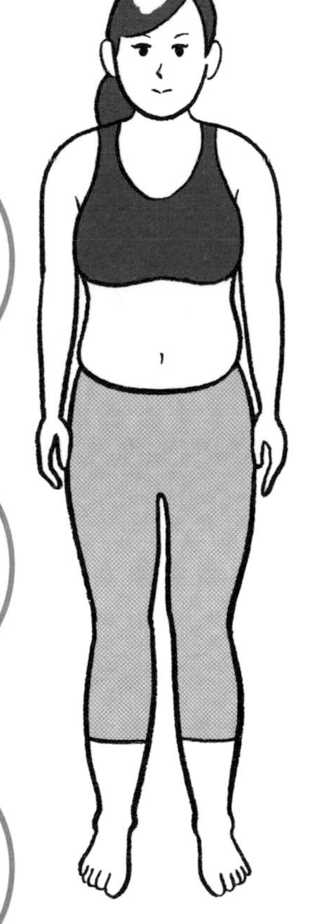

形成肥胖身形

如果肌肉量多……

產熱效應提高，
代謝率也提升

↓

累積的脂肪轉換成能量，且被大量消耗

↓

肌肉結實地支撐著身體

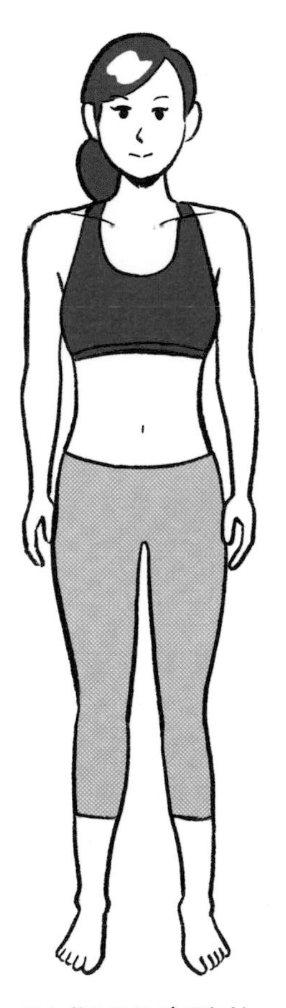

形成凹凸有致的緊實身形

吃對了，就能提升代謝率！

一部車子要能行駛可不能單靠馬力強大的引擎，還必須有汽油作為燃料，以及能夠使引擎順暢轉動的潤滑油。產熱鍛鍊除了運動之外，還有另一關鍵的部分，就是「飲食」，要藉由適當的飲食補充身體所需的能量。大多數的人一旦覺得自己好像變胖了，馬上就會想要減少食量，也有人會不吃肉只吃蔬菜，如此一來，成為肌肉材料的蛋白質就會明顯不足，進而導致代謝率不佳。

如果希望熱量能夠高效燃燒，就必須好好地吃！請遵守以下三項重點，並且均衡地攝取P.11所列的四種食材。

（提升代謝率的飲食方法）

早餐請攝取碳水化合物＆維他命

一定要吃早餐，才能順利開啟一整天身體代謝的開關。早餐可食用白飯等能夠迅速燃燒的碳水化合物，並攝取蔬菜、水果等富含維他命的食材，有助於促進代謝。

充分補充蛋白質

肉類或魚類所含的蛋白質有助於增加肌肉量，並提高代謝率。食用肉品時，與其攝取脂質較多的絞肉或加工肉品，不如食用未精細加工的整塊肉。

進食要正常且規律

飲食一旦不規律，身體為了防備飢餓狀態，就會主動囤積脂肪，所以請盡量遵守用餐時間。如果未到用餐時間肚子餓了，可於餐與餐之間，食用堅果類的食物來提升代謝率。

監修／淺野まみこ（營養師）

促進代謝的四類食物

身體的產熱作用其實是「引燃→循環→吸收→燃燒」，
為了提高代謝率，必須攝取能夠讓產熱流程順利運轉的食物。
請瞭解不同食物的功能，並均衡地加以攝取。

碳水化合物在體內可快速燃燒能量，作用就像車子的啟動裝置。
◎玄米、雜糧、米類、芋頭類、麵類等。

（循環系食材）

這些食物富含維他命、礦物質、不飽和脂肪酸，這些營養素與代謝＆循環息息相關。
◎青魚、奇亞籽、核桃、蔬菜、水果、堅果等。

（燃燒系食材）

肉類或綠茶中含有兒茶素等物質，當營養素被代謝時，可引發產熱作用，稱之為「攝食產熱效應（DIT反應）＊」。
◎豬肉、羔羊肉、牛肉、兒茶素（茶丹寧）等。

（吸收系食材）

包括發酵食品、食物纖維、奧利多寡糖等，藉由整腸可提高營養的吸收力與體內老舊廢物的排泄機能，使身體維持良好代謝。
◎養樂多、納豆、味噌、米糠醬菜、酒糟、牛蒡等。

＊攝食產熱效應：進食後，為了進行食物的消化、吸收等所消耗的能量。

第 1 回

（ 產熱鍛鍊的基本 1 ）

呼吸方法

產熱鍛鍊主要是為了增加肌肉量，提高身體代謝率，打造出不易肥胖的體質。如果希望能夠利用肌肉使熱能完全燃燒，絕對少不了正確的呼吸，藉由吸取大量氧氣來幫助產熱作用。一起熟練產熱鍛鍊的基本姿勢與呼吸法吧！

正確呼吸・姿勢端正，燃燒率UP！

正確的呼吸與正確的姿勢是一整套組合，只要呼吸方法正確，姿勢就會端正；只要端正姿勢，即可進行深層呼吸。一開始就先確認自己在日常生活中的坐姿，用餐或辦公時坐在椅子上，你是否會出現以下的NG姿勢呢？如果是，就必須特別注意。呼吸如果變淺，就很有可能會氧氣不足，致使體內熱量無法充分燃燒。

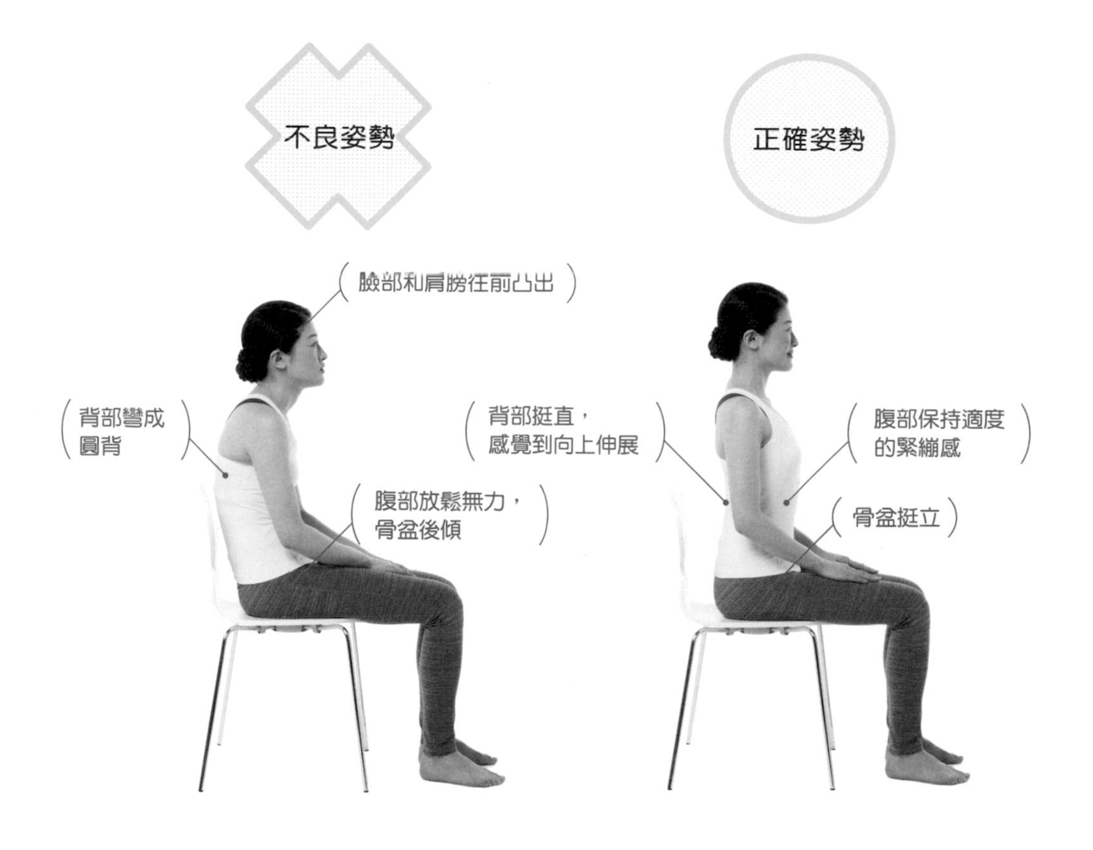

背部彎曲，肩膀與頸部往前凸出，成為駝背姿勢。這種姿勢下胸部會內縮，橫隔膜的活動受到妨礙，導致無法進行深呼吸。

骨盆與脊椎筆直挺立於坐骨之上，背部挺直往上伸展。由於肩部輕輕拉開，胸廓往外擴展，橫隔膜能夠輕易地活動，有助於進行深呼吸。

MENU 1

仰臥呼吸

呼吸時，胸部&腹部連動，注意胸腹的膨脹狀態

現在大部分的人呼吸較淺，不擅於進行深呼吸。首先採仰躺姿勢，由鼻子吸氣，再由嘴巴吐氣，進行基本呼吸。由於是仰躺，不需要分心保持固定姿勢，有助於將精神集中於呼吸上。請將手放在胸部與腹部上，仔細觀察，伴隨著呼吸的起伏，確認這兩個部位膨脹與凹下的變化。

深呼吸
1至3分鐘

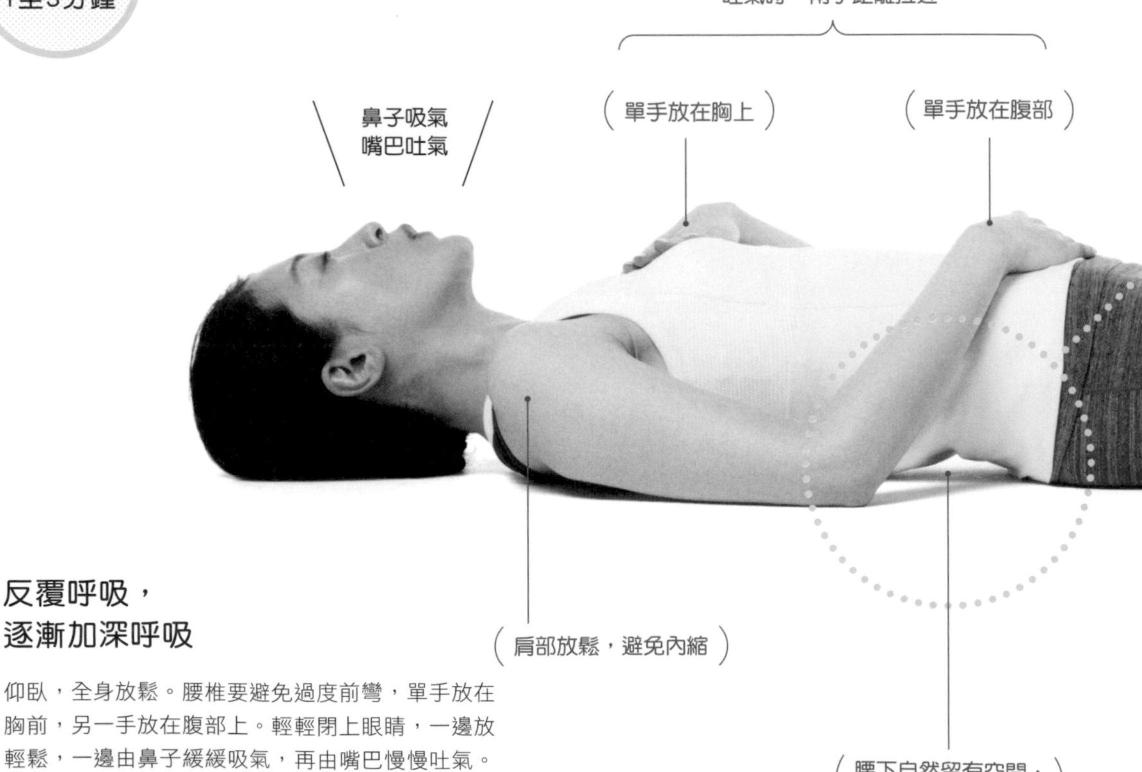

反覆呼吸，逐漸加深呼吸

仰臥，全身放鬆。腰椎要避免過度前彎，單手放在胸前，另一手放在腹部上。輕輕閉上眼睛，一邊放輕鬆，一邊由鼻子緩緩吸氣，再由嘴巴慢慢吐氣。吸氣時，胸部與腹部會膨脹，兩手間的距離變遠；吐氣時，胸部與腹部會下凹，兩手間的距離拉近。重複動作，漸漸加深呼吸。

吸氣時，感受背部的變化

吸氣時，不只要感受胸部、腹部的變化，也要感受到後背鼓起。吸氣時，腰部下方的空間應要縮小。

OK

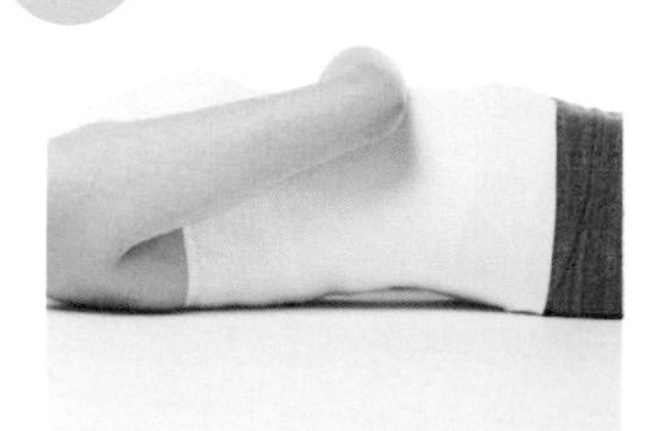

腰下空間大約為一個手掌的厚度，持續呼吸的過程中，空間會隨著吸氣動作縮小。

NG

吸氣時，請避免腰椎與地板間的空間變大。

WHY?

為什麼要以鼻子吸氣？

由鼻子吸氣是基本的呼吸方式。鼻黏膜內有鼻毛，可形成防護，防止外來細菌入侵。空氣通過鼻子時，空氣的溫度會慢慢趨於暖和，並夾帶著濕氣，有助於呼吸順暢。吐氣時，無論從鼻子或嘴巴都OK。

MENU 2

端坐呼吸

深呼吸
1至3分鐘

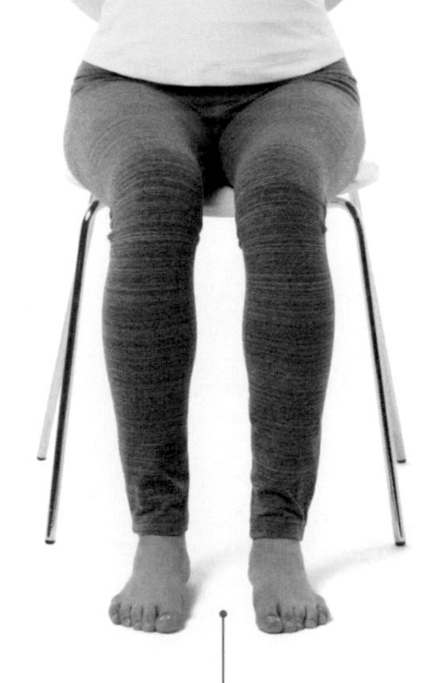

STEP 1

讓胸腔吸入大量的空氣

坐在椅子上，端正姿勢，確實將身體重心置於雙腳。兩手放在肋骨的兩側，維持姿勢，鼻子緩緩吸氣，再由嘴巴慢慢吐氣。一邊感覺肋骨左右大幅擴張，一邊反覆進行深呼吸。

TRY!

如果坐姿不良，是否還能深呼吸？

試著以P.13的NG姿勢進行深呼吸，你會發現，如果坐姿不正確，肋骨無法順利活動，根本無法進行深呼吸。

吸入大量空氣後，充分運用腹壓，加深呼吸深度

掌握了仰臥呼吸的感覺之後，就改以端坐的姿勢來進行深呼吸吧！採坐姿呼吸時，重要的是要先做出P.13的正確姿勢。背部要挺直，兩手放於身體兩側，吸氣，確認胸部大幅擴張。習慣動作之後，吐氣時，請用力縮小腹，並收緊肛門，可藉此充分利用腹壓，促使呼吸變深，並使接下來進行的產熱鍛鍊效果隨之提升。

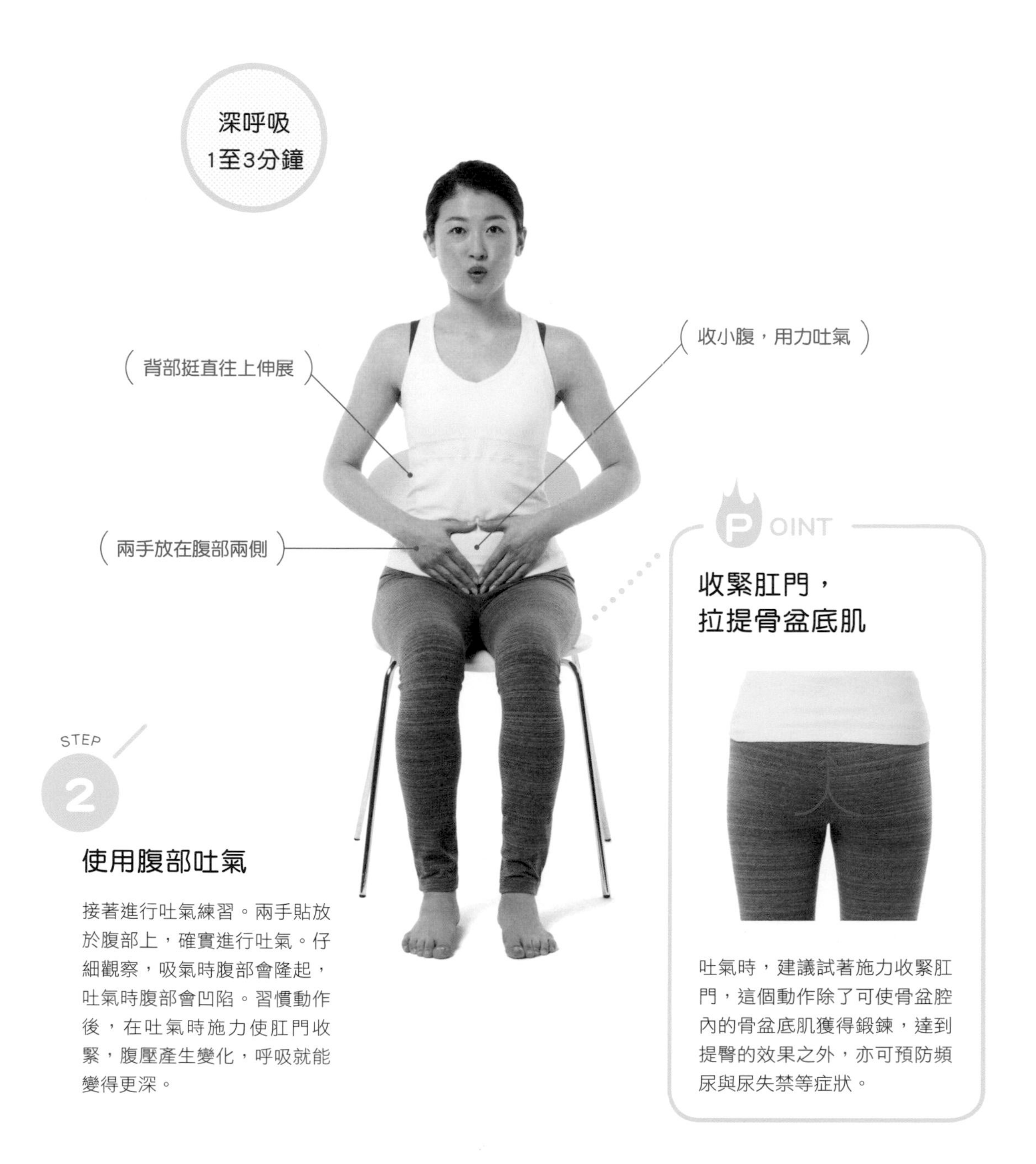

使用腹部吐氣

接著進行吐氣練習。兩手貼放於腹部上，確實進行吐氣。仔細觀察，吸氣時腹部會隆起，吐氣時腹部會凹陷。習慣動作後，在吐氣時施力使肛門收緊，腹壓產生變化，呼吸就能變得更深。

收緊肛門，拉提骨盆底肌

吐氣時，建議試著施力收緊肛門，這個動作除了可使骨盆腔內的骨盆底肌獲得鍛鍊，達到提臀的效果之外，亦可預防頻尿與尿失禁等症狀。

（ 產熱鍛鍊的基本 2 ）

步行方法

步行是一種有氧運動，脂肪燃燒的效果值得期待！但是，不同的步行方式，燃燒的熱量也會有很大的差異。請熟練能更有效地燃燒熱量的步行方法吧！只要學會了正確的步行方法，平常行走的時候也能自然而然地達到產熱鍛鍊的效果。

CHECK你的走路方式！

以下兩種「NG走路法」是一般人很容易犯的錯誤。請確認自己的走路方式，於確認項目中打勾。

駝背走路

- ☐ 姿勢不良
- ☐ 頭部或肩膀往前凸出
- ☐ 步伐小、走路慢
- ☐ 下顎往前凸出
- ☐ 不太能夠長時間走路

TYPE

B

拖著腳走路

- ☐ 腳跟不著地
- ☐ 膝蓋經常性彎曲
- ☐ 腳踝僵硬
- ☐ 經常穿高跟鞋
- ☐ 小步蹭著走路

徹底矯正「NG走路法」

端正姿勢站立後，單腳往前踏出一大步。一邊吐氣一邊屈膝，腰部下沉，伸展後腳大腿髖關節前側，保持舒適的伸展姿勢，維持姿勢5秒鐘。這個動作重複3次，另一腳也以相同方式進行伸展。

伸展髖關節

運動不足的人或老年人最常見的問題，就是髖關節僵硬。髖關節一旦僵硬，就會造成骨盆後傾、脊椎前彎、肩胛骨不易作動，如此一來，軀幹的深層肌群（Inner muscle）便無法得到運用，導致大幅抬腿的動作會變得困難，也就無法以強而有力的方式行進。透過充分伸展髖關節，骨盆、脊椎的位置得以調整，逐漸就能以良好的姿勢步行。

肌肉或肌腱僵硬，就會導致「NG走路法」

每天習以為常的「走路」，正好表現出每個人身體的習性。有些人之所以會習慣駝著背走路，或拖著腳走路，是因為平時姿勢或動作不良，導致肌肉或肌腱僵硬。如果持續不良的走路方式，原本應該作動的肌肉會失去功能，身體的平衡也可能完全崩壞。先藉由伸展操放鬆肌肉，再逐步改善走路時的不良姿勢。

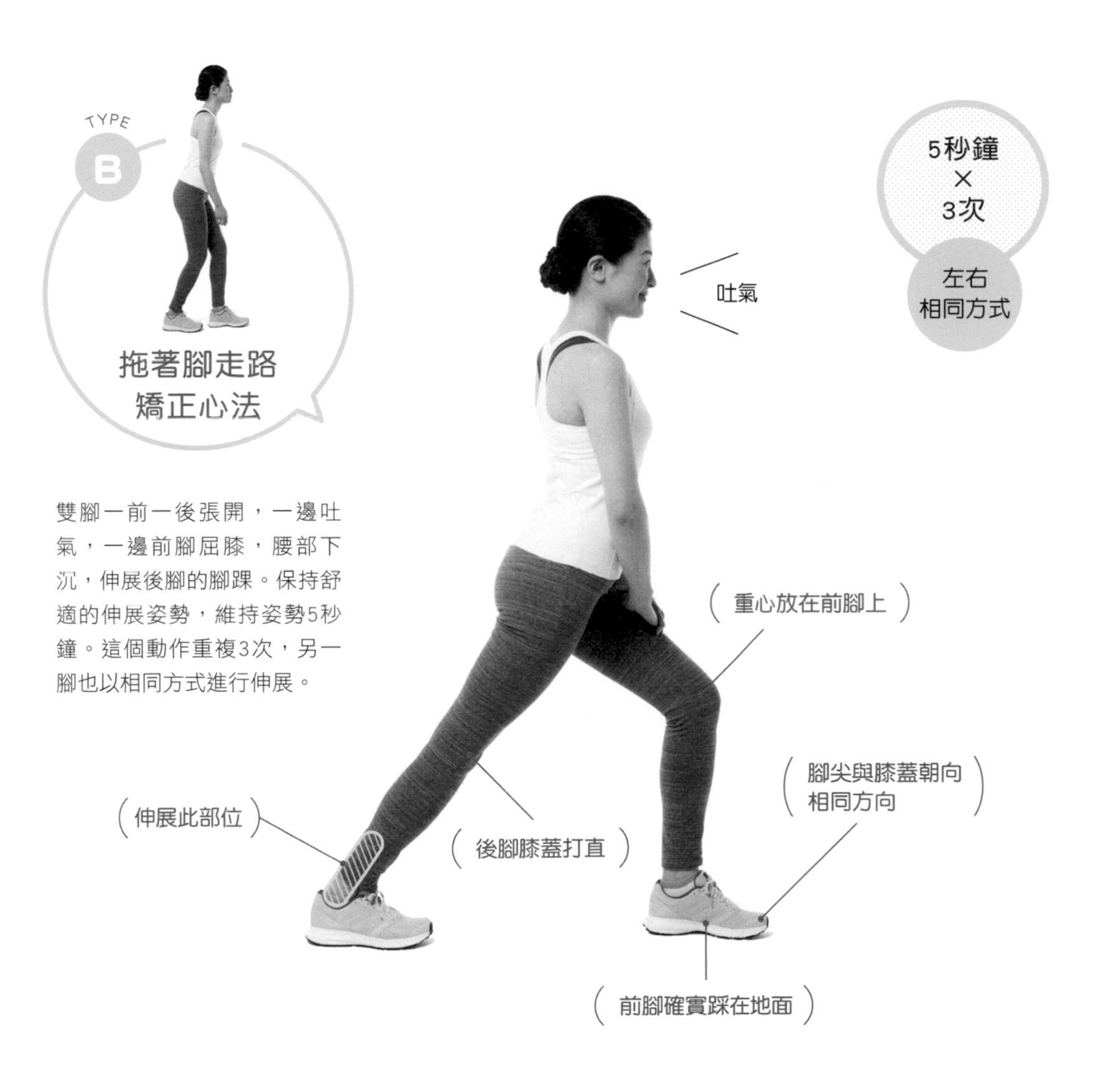

雙腳一前一後張開，一邊吐氣，一邊前腳屈膝，腰部下沉，伸展後腳的腳踝。保持舒適的伸展姿勢，維持姿勢5秒鐘。這個動作重複3次，另一腳也以相同方式進行伸展。

B 放鬆腳踝

腳踝僵硬的問題也常見於年輕人身上，尤其是平時不常走路，或習慣穿高跟鞋的年輕族群。腳踝一旦變得僵硬，就會造成步伐不穩，跌倒的風險相對提高。另外還會導致拇趾外翻，或導致膝蓋與腰部的疼痛，所以在走路之前，請充分地放鬆腳踝。活動腳趾或腳底也很具有放鬆效果，建議可多費心按摩足部，或多做一些運動腳趾的動作。

以兩個步驟練習「產熱走路法」

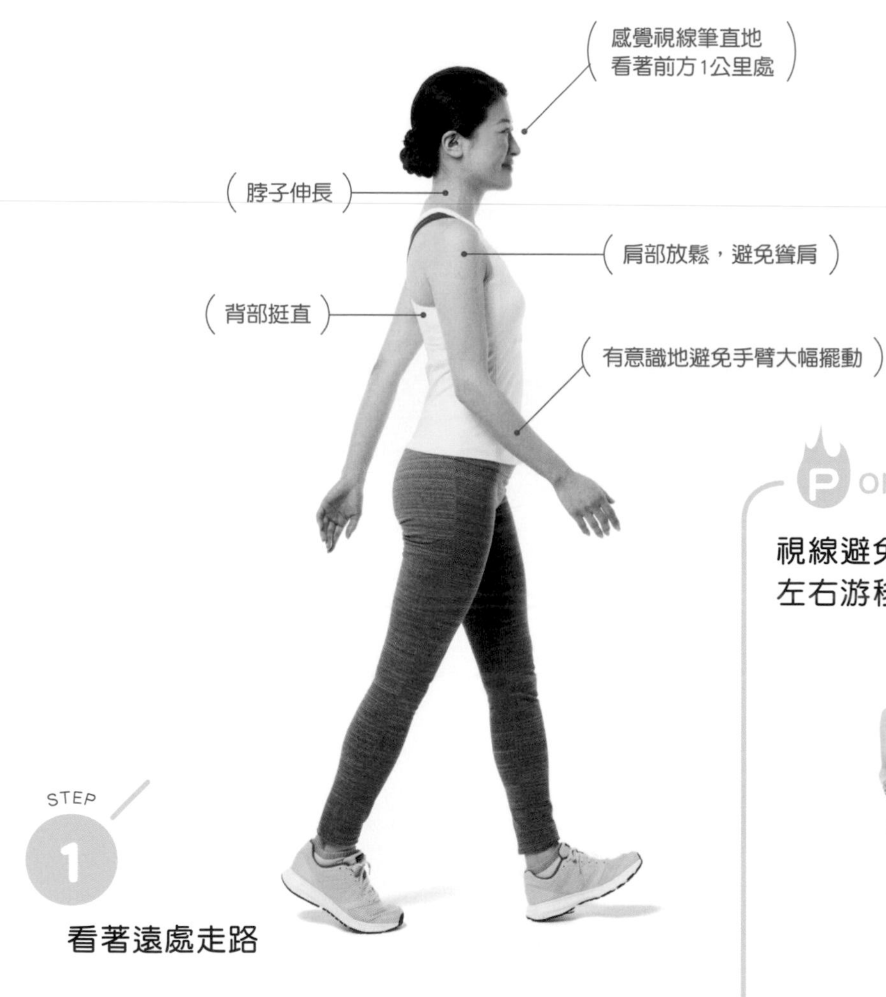

STEP 1

看著遠處走路

端正站姿後，臉部正對前方，視線盡可能看著遠方。維持端正的站姿，以愉快的心情步行。放鬆肩部與手臂，行走時自然地擺動手臂即可。

POINT

視線避免左右游移

往前走的時候，想像著眼前有條直線延伸，避免視線偏移，即可平衡上半身，保持不偏不倚的行走姿勢。

加大動作，
輕快地步行，
強化產熱鍛鍊效果

改善了「NG走路法」之後，可進一步以正確的走路方式來燃燒熱量。一旦提醒自己要正確走路，很容易就會將意念集中在手臂擺動或腳的運行等身體末梢上，但其實不必把注意力過度放在這些細節上。請先筆直地看著遠處，並記住輕鬆悠閒地走路的感覺，等到完全習慣這種走路方式之後，再進一步挑戰燃燒效果更高的走路方式吧！

縱向擺動手臂

在行進的動作中，前後擺動的手臂與肩胛骨產生連動，形成一連串流暢的動作。請避免將注意力過度集中於手臂，不要做出左右或上下擺動的動作。

（手臂確實往後拉伸）

（視線避免上下游移）

（腰部挺直避免彎曲）

（踏出去的膝蓋確實伸展）

（腳尖朝上）

（腳跟著地）

STEP 2

充滿活力地
率性行走

基本動作與STEP①相同，著地時腳尖朝上，並且確實踏出腳跟，只要完成這個動作，就會自然伸直膝蓋，步伐也會隨之流暢。腳踝充分活動，走路方式就會變得活力十足。

第  回

（　微熱鍛鍊 1　）

上半身 毛巾伸展操

從這個單元開始，一起進行積極活動肌肉的產熱鍛鍊吧！一開始進行「微熱鍛鍊」，將平時不太活動而僵化的肌肉轉化為容易活動的狀態。使用家中的洗臉毛巾就能放鬆上半身，也有助於緩解肩膀、頸部的痠痛，請確實執行每個動作。

伸展動作超重要！
放鬆筋膜，提升活動力

活動時每塊肌肉並非單獨活動，而是連動式的作動。身體之所以變得僵硬，導致不易活動，主要原因就是筋膜間的活動不夠滑順。想要解決這個問題，最有效的方式就是伸展操。只要使用毛巾，就能做得到！既不會為身體帶來負擔，還能輕鬆地進行大範圍的伸展。不要只針對特定部位作伸展，請一邊意識著筋膜的連動，一邊進行伸展操。

（筋膜的構造）

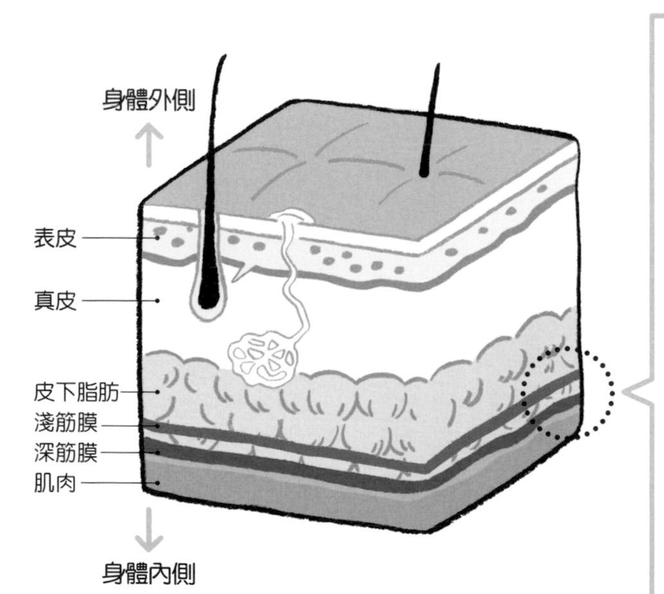

從皮膚到肌肉的分層組織如圖所示，淺筋膜與深筋膜位於皮下組織下方。兩種筋膜配合著身體的各種動作，構成滑順的組織體。

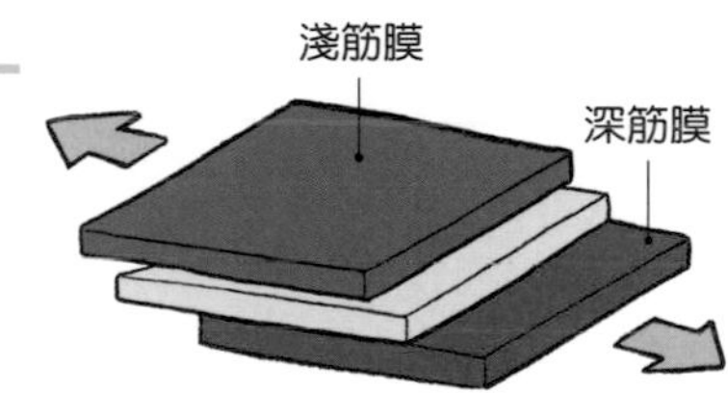

滑動良好的筋膜

兩種筋膜之間具有充分的水分與玻尿酸，正常狀態下，彼此可順利滑動。在這種狀況下，關節就能順暢地活動。

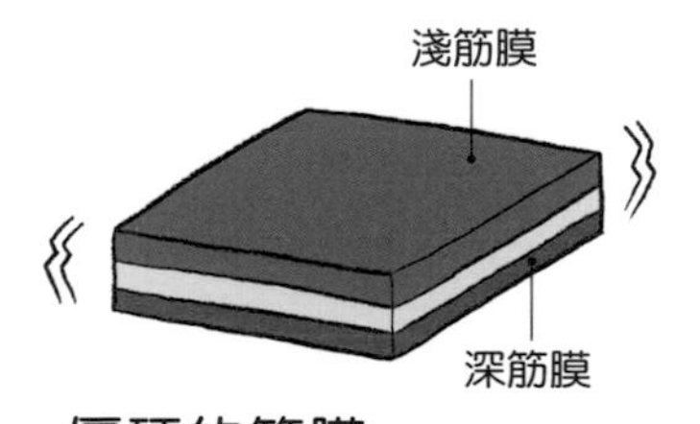

僵硬的筋膜

姿勢不良或年紀增長很容易導致肌力下降。如果身體肌肉持續缺乏活動，兩種筋膜之間的滑順度就會惡化，甚至變得完全僵硬。

MENU 1

緩解肩膀&頸部痠痛！

肩背部伸展操

EXERCISE LEVEL ★

❷⇔❹
5至10次

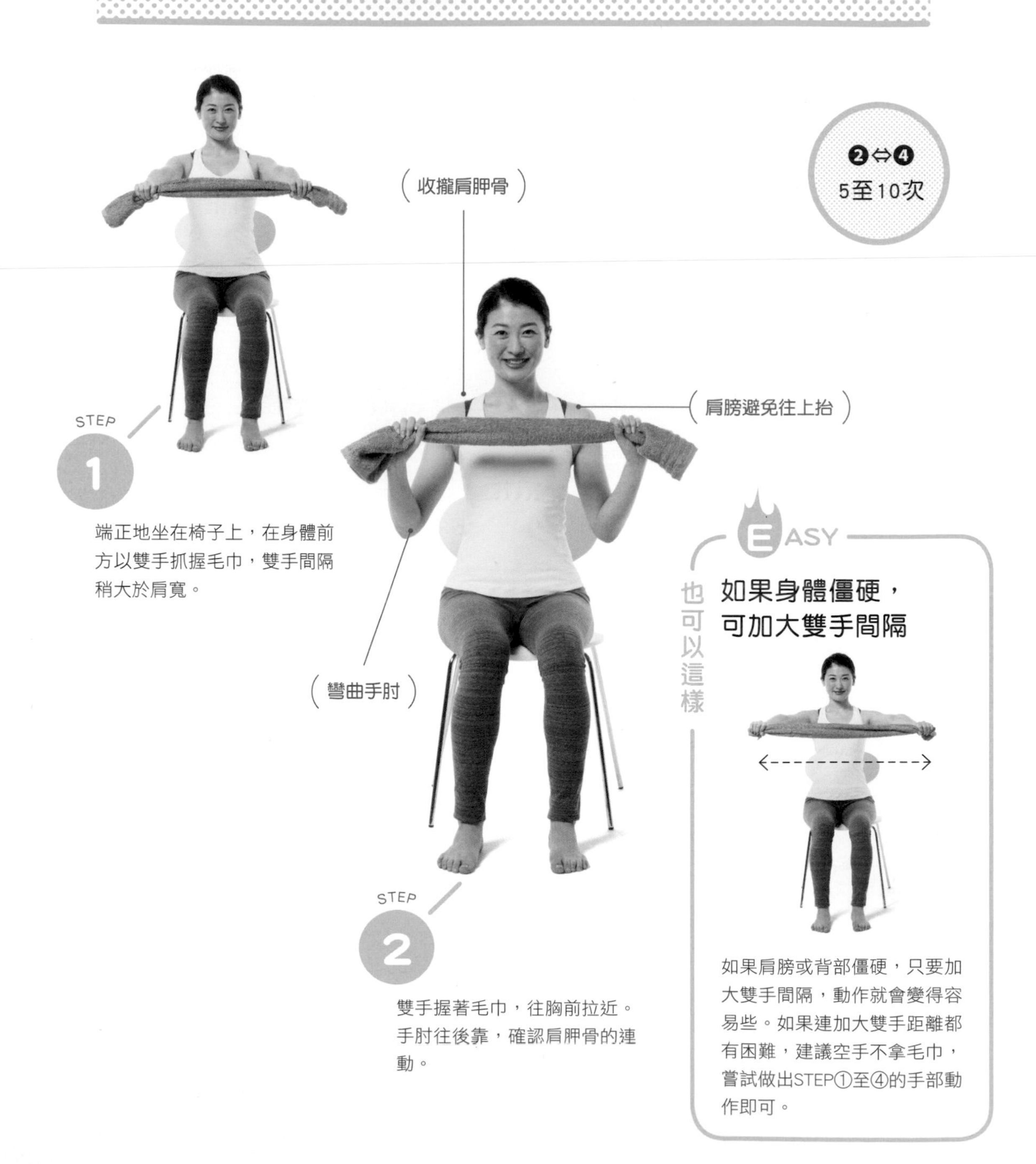

STEP 1

端正地坐在椅子上，在身體前方以雙手抓握毛巾，雙手間隔稍大於肩寬。

STEP 2

雙手握著毛巾，往胸前拉近。手肘往後靠，確認肩胛骨的連動。

EASY 也可以這樣

如果身體僵硬，可加大雙手間隔

如果肩膀或背部僵硬，只要加大雙手間隔，動作就會變得容易些。如果連加大雙手距離都有困難，建議空手不拿毛巾，嘗試做出STEP①至④的手部動作即可。

緩和肩膀痠痛，矯正不良姿勢

一旦背部彎曲成圓背，不但會導致頸部、肩部、背部僵硬，無法順暢活動，也會造成痠痛。建議使用毛巾，慢慢地逐漸伸展。關鍵在於肩胛骨的活動。請利用手臂「往後拉」、「舉起」、「放下」的動作，使肩胛骨產生連動。

STEP 3

一邊由鼻子吸氣，一邊朝正上方伸直雙臂。手肘打直，雙臂靠近耳朵旁邊，也可稍微偏向後方。集中注意力，務必確實伸展手臂、肩膀、腋下。

STEP 4

一邊吐氣，一邊將手臂往下拉，毛巾好像穿過頭後方一般。往下拉時，仔細感受左右的肩胛骨正在靠攏。STEP②⇔④的動作請重複進行5至10次。

MENU 2

打造水蛇腰

上半身轉體操

除了腰部之外，也要扭動整條脊椎

進行上半身轉體伸展操時，不僅要轉動腰部，也要集中注意力，扭轉整條脊椎，從骨盆到頸部這個部位都要活動。配合深呼吸，一邊上下伸展，一邊轉動脊椎，姿勢進而得以調整，腹部周圍的肌肉也會變得更容易活動。隨著年齡增加，這一套轉體操也能預防腹部贅肉容易產生的情況。

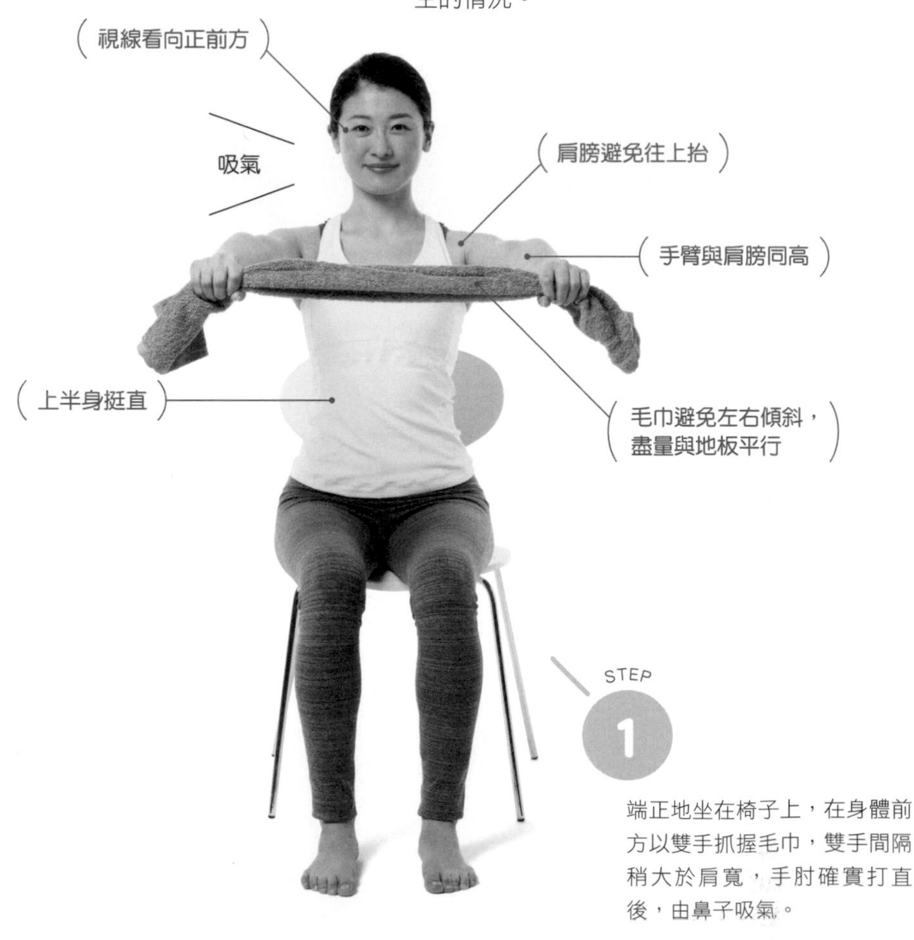

STEP 1

端正地坐在椅子上，在身體前方以雙手抓握毛巾，雙手間隔稍大於肩寬，手肘確實打直後，由鼻子吸氣。

只有手臂移動

上半身必須隨著手臂的動作扭轉，如果只有手臂往旁邊移動，就無法活動到脊椎。

毛巾歪斜

如果脊椎偏斜，上半身就會傾斜，這時毛巾就會隨之歪斜。請確實保持毛巾的高度，背部挺直伸展。

❷⇔❸
5至10次

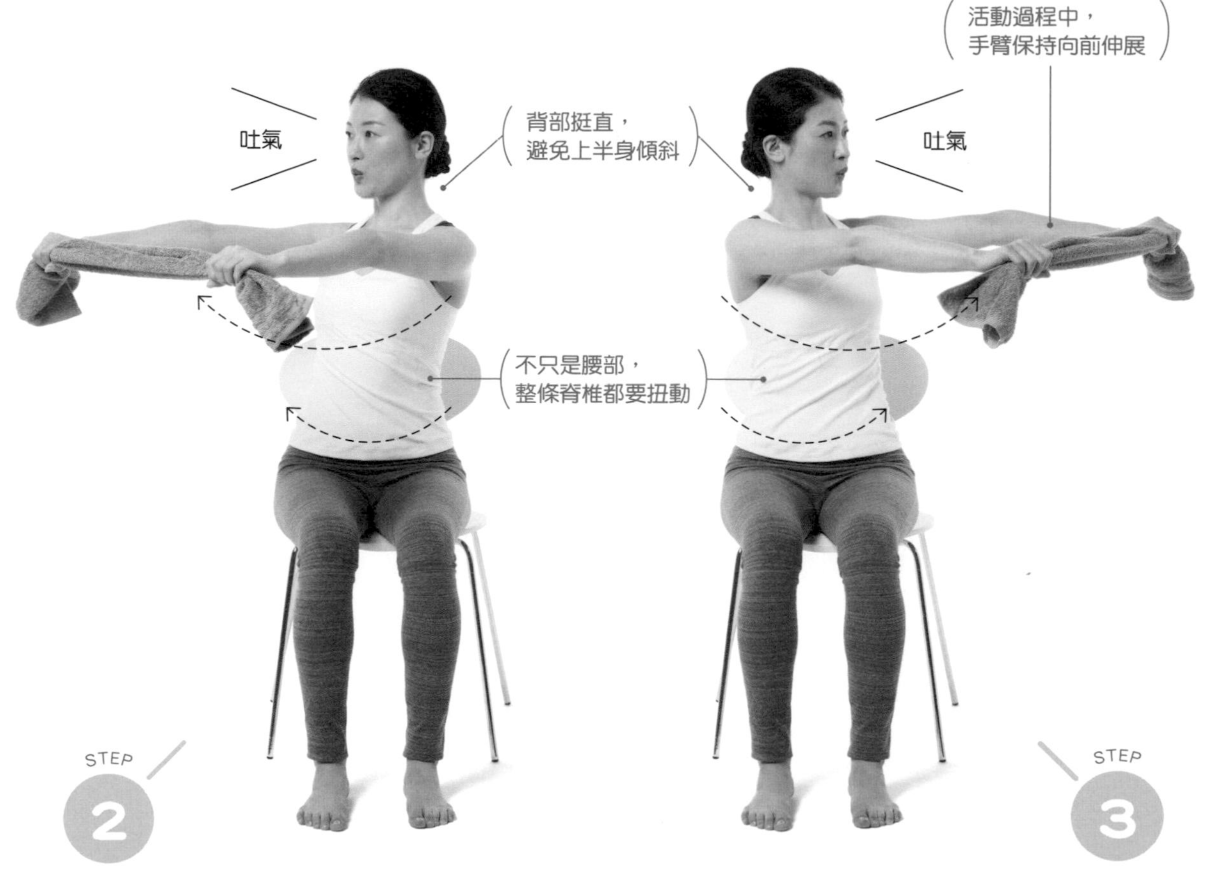

STEP 2

背部挺直，一邊吐氣，一邊往右邊轉動上半身。想像脊椎正同時往上下方伸展+向右扭轉。請注意避免左邊臂部抬起，毛巾的高度也盡量不要改變。

STEP 3

一邊吸氣，一邊使上半身回到原位，再一邊吐氣一邊往左轉動上半身。STEP②⇔③的動作請重複進行5至10次。

MENU 3

舒展上半身

體側伸展操

調整左右平衡，同時預防疼痛

日常生活中的不良習慣與錯誤姿勢等，很容易導致身體左右失去平衡。一旦左右失衡，就會發生肩膀痠痛或腰部疼痛，也就無法充分活動肌肉達到鍛鍊效果。這套伸展體側的運動操，可調整上半身的平衡，不但可刺激位於脊椎周圍較深層的肌肉，也可提高身體的產熱效應。身體兩側最容易缺乏活動而變得僵硬，一起徹底進行伸展吧！

端正地坐在椅子上，在身體前方以雙手抓握毛巾，雙手間隔稍大於肩寬。

雙手筆直高舉於頭頂上，手臂靠近耳朵，由鼻子吸氣。請注意，肩膀要放鬆，頸部避免內縮。

只有活動手臂

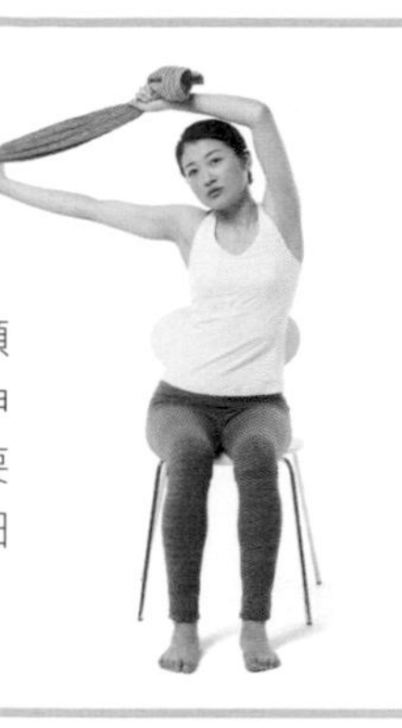

側身傾倒時，手臂不可橫向傾倒，否則體側完全無法得到伸展。身體向側邊傾時，手肘要伸直，背部也打直伸展，仔細感受體側拉伸的力量。

ADVICE

伸展運動之後，記得補充水分

做完伸展運動之後，建議補充水分攝取。充足的水分有助於改善筋膜與筋膜間的潤滑度（參照P.25），使身體維持在容易活動的狀態。

一邊吐氣，一邊將上半身向右傾，伸展左邊的體側。毛巾確實保持在STEP②的位置。從腰部到腋下、兩手臂的外側，全面性地進行伸展。

一邊吸氣，一邊讓上半身回到原位，再一邊吐氣一邊向左傾。配合深呼吸，STEP③⇔④的動作重複進行5至10次。

（ 微熱鍛鍊 2 ）

下半身椅子伸展操

如果平時不常走路，腳踝、腿後側、髖關節的活動會愈來愈不靈活，這些部位一旦變得僵硬，步伐就會變小，走路速度也會變慢，導致產熱效應不彰，必須特別留意。建議善用椅子進行伸展操，使沉睡的肌肉甦醒，打造能夠靈活步行的身體吧！

家中現有的椅子
就是最佳的鍛鍊道具

對於下半身僵硬的人而言，很多坐在地板上進行的伸展操其實頗具挑戰。想要更輕鬆地做伸展操，其實只要一把椅子就OK！可配合自己的柔軟度，適當地安排鍛鍊內容。每個家庭中都會有餐椅等椅子，直接拿來使用即可。

這樣的椅子最適合！

- 椅子穩固而不搖晃。
- 椅面盡量平坦。
- 椅子高度能夠輕鬆將腳放上去。

※請放置在平坦且不會滑動的場所。

椅子的優點

將腳放上椅面，就能進行伸展運動

單腳放在椅子上，膝蓋打直。這個動作即可感受到上抬的腿後側得到了伸展，身體僵硬的人，建議就從這個動作開始。

可抓著椅背，穩定重心

身體難以保持平衡時，可抓著椅背進行伸展運動。一邊抓著椅背，一邊進行動作，身體軸心就能維持穩定，有助於徹底伸展想訓練的部位。

MENU 1

下半身柔軟度UP！

腿後側伸展操

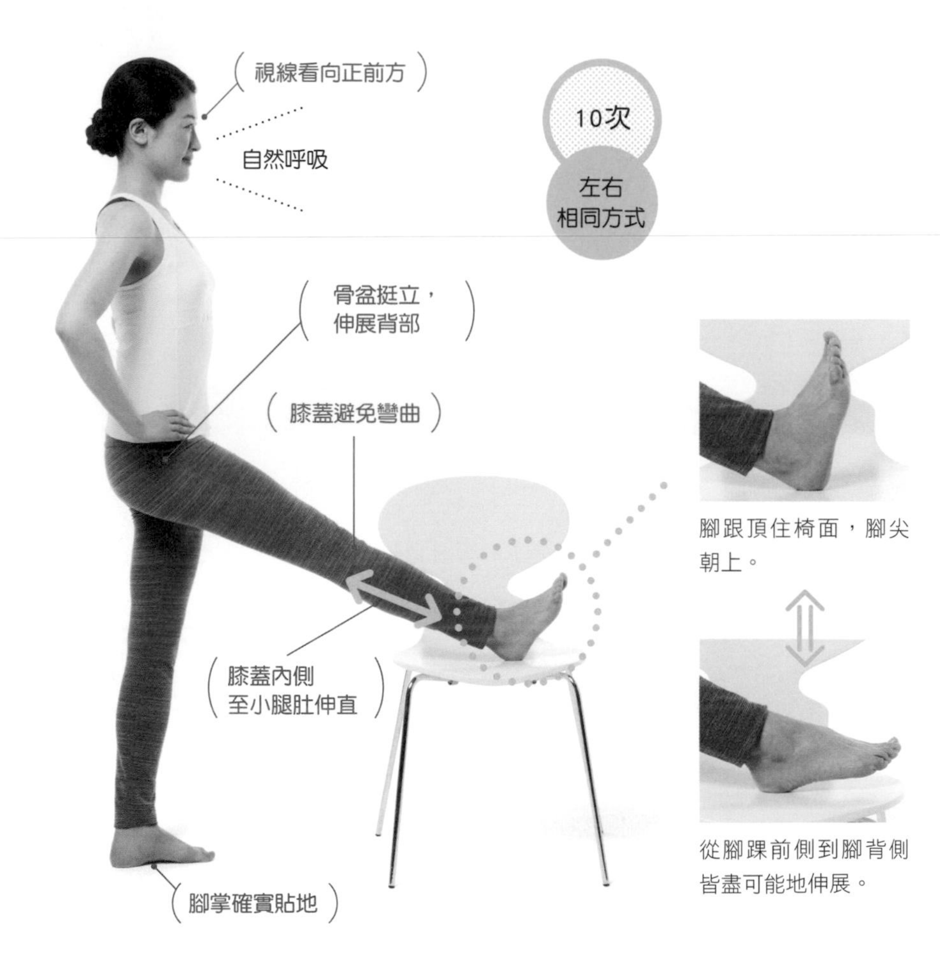

A 伸展小腿肚

椅子擺在身體的正前方，單腳放上椅面。作為軸心腳的那一腳確實踩踏在地板上，放在椅上的那一腳膝蓋確實打直，筆直地挺起整條脊椎。上抬的那一腳感覺到膝蓋內側得到伸展時，接著上下擺動腳尖，進行10次之後，換腳以相同方式進行伸展。

只要確實伸展，步行時就能充滿元氣

現代人的腿後側很容易變僵硬，特別是大腿後側肌群（膕旁肌hamstring），日常生活中鮮少受到刺激，一旦變得僵硬，就會造成腳部浮腫或膝蓋痠痛、腰部疼痛。在這套伸展操中，從腳踝到小腿肚、膝蓋，一直到整個大腿的後側皆能逐步獲得伸展。大腿後側肌群是步行時的重要肌肉，建議提高其柔軟度。

10次

左右相同方式

視線看向正前方

關節往前轉動，腹部往大腿前側靠近

膝蓋避免彎曲

大腿後側伸直

腳掌確實貼地

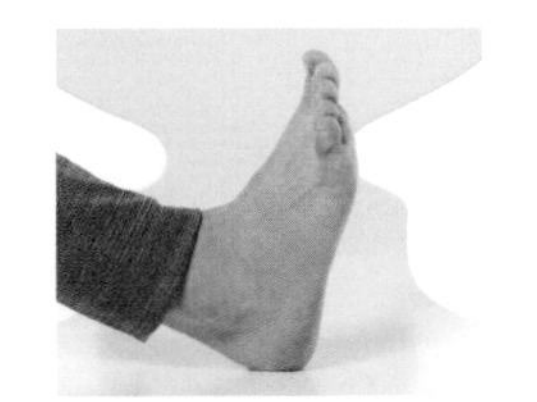

腳跟頂住椅面，腳尖朝上。

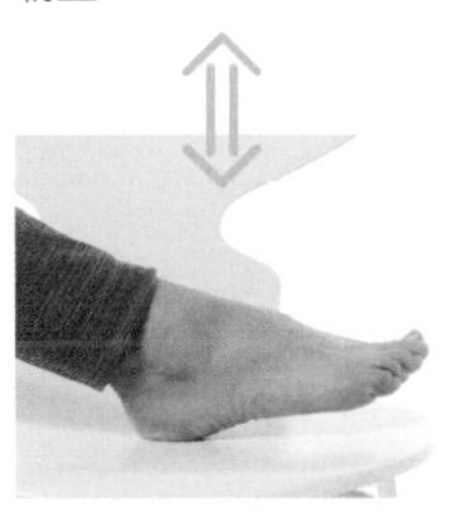

從腳踝前側到腳背側皆盡可能地伸展。

NG

背部彎曲成圓背

如果不以髖關節作為支點使上半身前傾，背脊容易彎曲成圓背，大腿內側就無法徹底得到伸展。感覺不到大腿後側獲得伸展時，建議要有意識地伸展背部。

B 伸展大腿後側

維持Ⓐ的姿勢，上半身由髖關節往前傾。上抬的膝蓋請確實打直，背部避免彎曲成圓背。以髖關節作為支點，前傾上半身，下腹部往大腿前側靠近。上抬的那一腳感覺到大腿後側得到伸展時，接著上下擺動腳尖，進行10次之後，換腳以相同方式進行伸展。

MENU 2

強化大腿緊實度！

大腿內側伸展操

日常活動中鮮少使用的肌肉

大腿肌肉一旦鬆弛，大腿就會失去緊實度。日常生活中，能使用到大腿內側肌肉的動作非常少，這個部位也是現代人很容易衰老的部位之一。如果你坐在椅子上試圖雙腳併攏，卻感覺到有些困難，這就代表你已經開始出現衰老現象了。先進行伸展運動放鬆肌肉，再給予適當的刺激吧！

腳跟頂住椅面，腳尖朝上。

從腳踝前側到腳背側皆盡可能地伸展。

A 伸展大腿內側

椅子擺在身體左側，左腳放上椅面。右腳作為軸心腳，確實踩踏在地板上。放在椅上的那一腳膝蓋打直，感覺到髖關節至大腿內側得到伸展時，接著上下擺動腳尖，進行10次之後，換腳以相同方式進行伸展。

B 進一步加深伸展運動

腳跟頂住椅面，腳尖朝上。

從腳踝前側到腳背側皆盡可能地伸展。

STEP 1

做出Ⓐ的姿勢，將右手臂放到耳邊伸直，由鼻子吸氣。

STEP 2

一邊吐氣，一邊將身體倒向左側，伸展右邊體側與腋下。頸部與背部縱向伸展，避免身體往前倒。當右邊腋下獲得伸展時，可感覺到左邊髖關節至大腿內側的伸展加深，接著上下擺動腳尖，進行10次之後，換腳以相同方式進行伸展。

上半身向前傾倒

上半身進行深度下彎時，如果往前傾倒，體側就無法徹底伸展，大腿內側的拉伸效果也會大打折扣。上半身要筆直地朝向正前方，維持挺直的狀態進行側邊伸展。

MENU 3

有效預防腰痛

大腿前側至髖關節伸展操

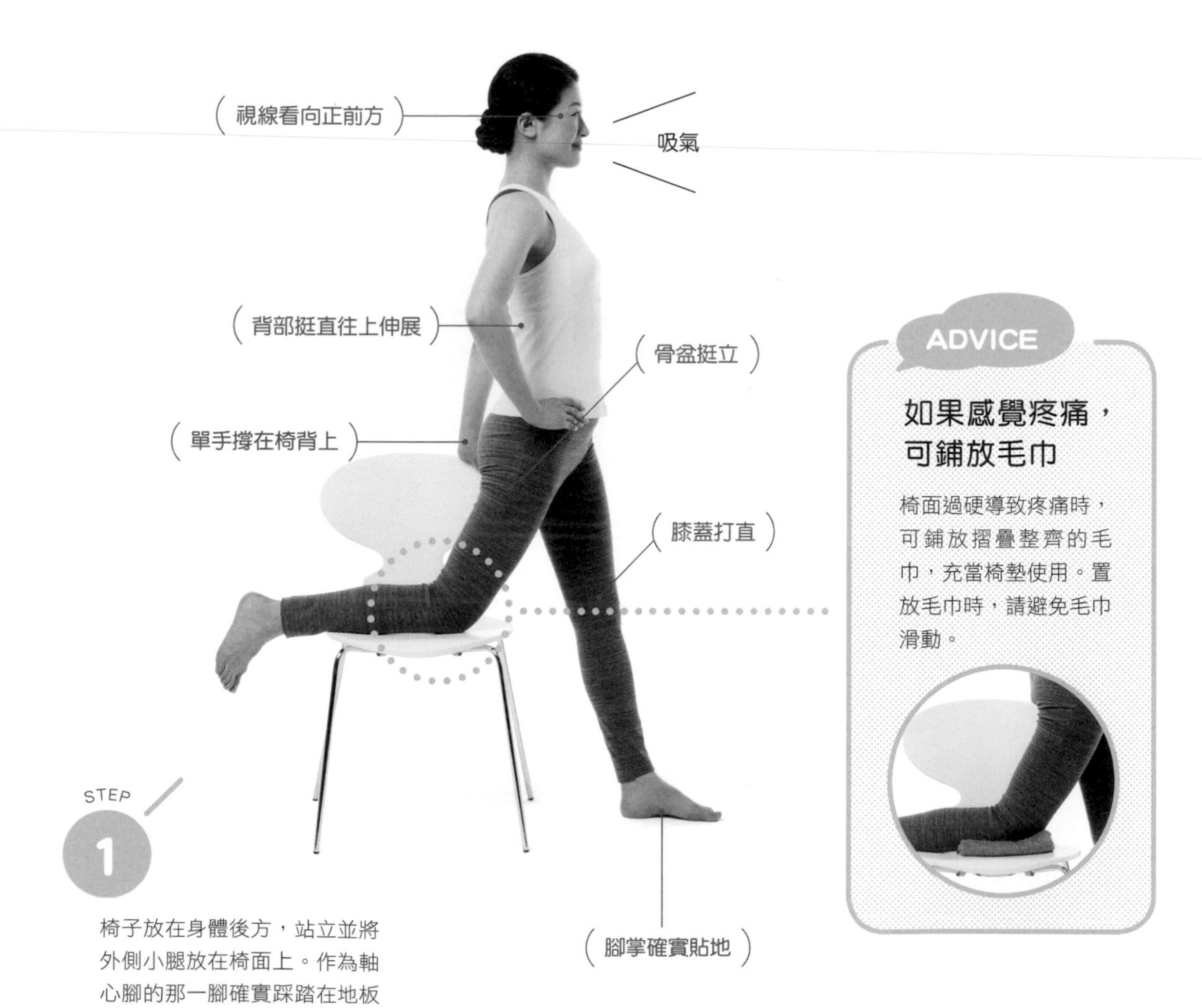

ADVICE

如果感覺疼痛，可鋪放毛巾

椅面過硬導致疼痛時，可鋪放摺疊整齊的毛巾，充當椅墊使用。置放毛巾時，請避免毛巾滑動。

STEP 1

椅子放在身體後方，站立並將外側小腿放在椅面上。作為軸心腳的那一腳確實踩踏在地板上，背部挺直往上伸展。手輕輕放在椅背上，方便穩定重心，由鼻子吸氣。

與不良姿勢相關的身體部位

一旦姿勢不良，隨即會衍生脊椎或骨盆歪斜失衡的問題，站立時的重心會往前偏移，變成只靠大腿前側使力來維持姿勢。如果大腿前側與髖關節前側過度緊繃，就會導致脊背僵直或腰痛，必須特別注意。如果希望維持美麗的姿勢與腰力，建議要充分地伸展大腿前側等部位，並且務必養成做操的習慣。

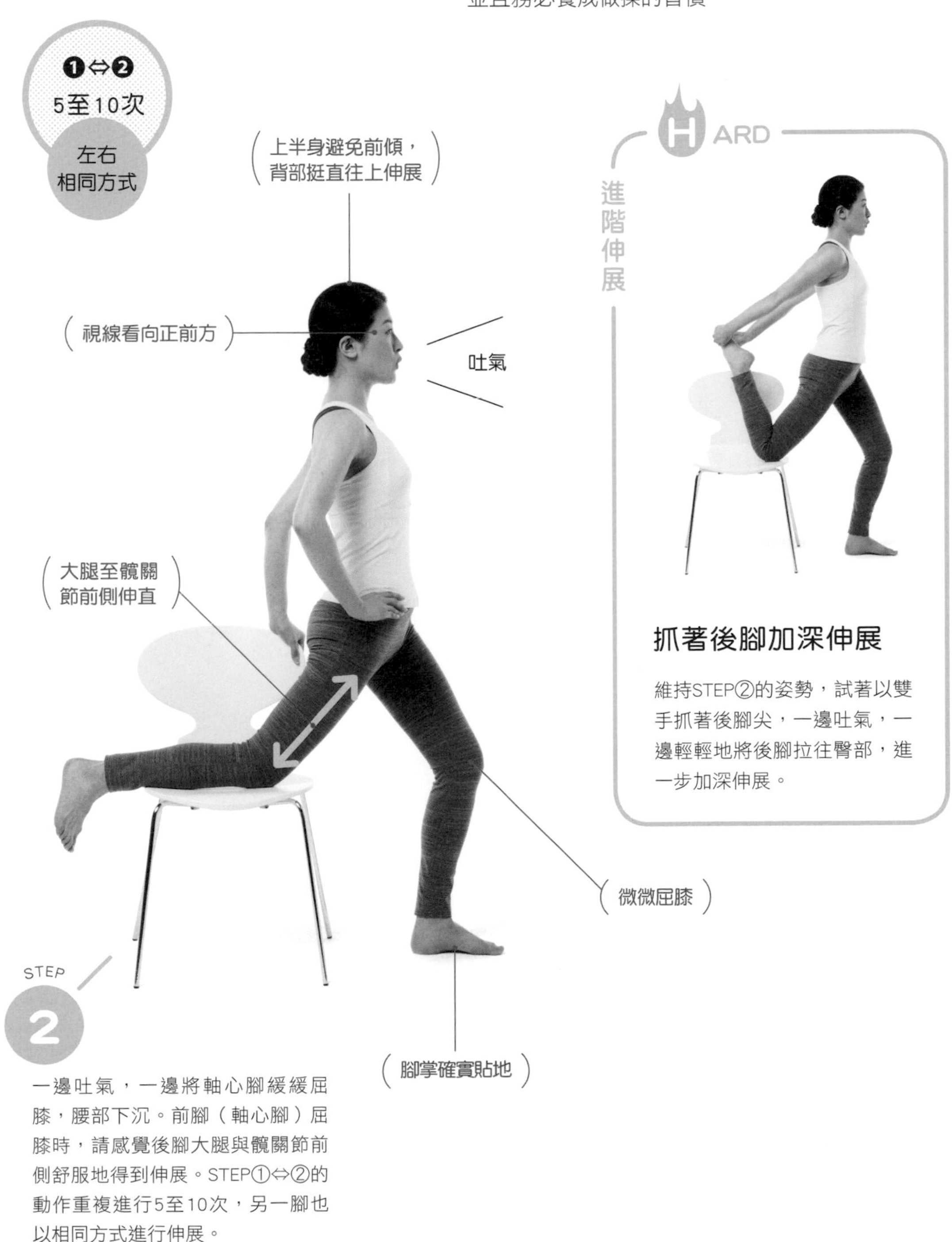

一邊吐氣，一邊將軸心腳緩緩屈膝，腰部下沉。前腳（軸心腳）屈膝時，請感覺後腳大腿與髖關節前側舒服地得到伸展。STEP①⇔②的動作重複進行5至10次，另一腳也以相同方式進行伸展。

抓著後腳加深伸展

維持STEP②的姿勢，試著以雙手抓著後腳尖，一邊吐氣，一邊輕輕地將後腳拉往臀部，進一步加深伸展。

（ 溫熱鍛鍊 1 ）

上半身
保特瓶鍛鍊操

利用伸展運動改善肌肉的活動能力，再以稍具負荷的運動逐漸增長肌肉。首先從上半身開始，以500ml（500g）的裝水保特瓶來取代啞鈴，以軀幹為中心，逐步鍛鍊肌肉。一起以消除雙臂與背部贅肉為目標，好好地雕塑出堅挺的美麗胸形吧！

鍛鍊軀幹的大肌肉群，加速脂肪燃燒率

產熱鍛鍊最大的目的在於增長肌肉，並打造出容易燃燒熱量的體質。肌肉愈鍛鍊會愈大，也就能夠燃燒愈多的熱量。人體的軀幹相當於樹木的粗大樹幹，上半身的各部位之中，軀幹上集中著最多的大肌肉群。這個單元介紹使用保特瓶做體操，主要就是針對軀幹核心肌群進行鍛鍊。

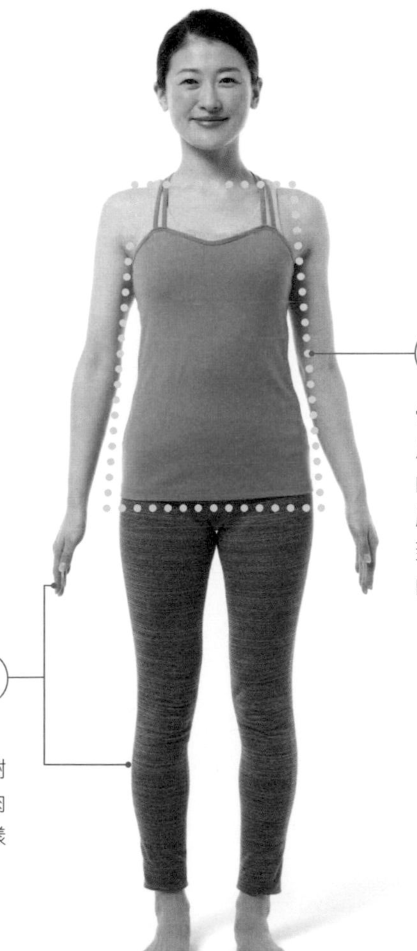

（ 軀幹 ）

髖關節的屈曲伸展，會連帶使用到核心肌群，這些位於軀幹的深層肌肉連接著脊椎與大腿。腹部、背部的肌肉也會得到鍛鍊，進一步提升產熱鍛鍊的效果。

（ 四肢 & 手指 ）

如果將人體軀幹比喻為大樹，四肢與手指就像是纖細的樹枝，因為屬於較為細小的肌肉群，鍛鍊後也無法像軀幹那樣燃燒大量的熱量。

EXERCISE LEVEL ★★

MENU 1

讓你擁有迷人曲線！

背部緊實體操

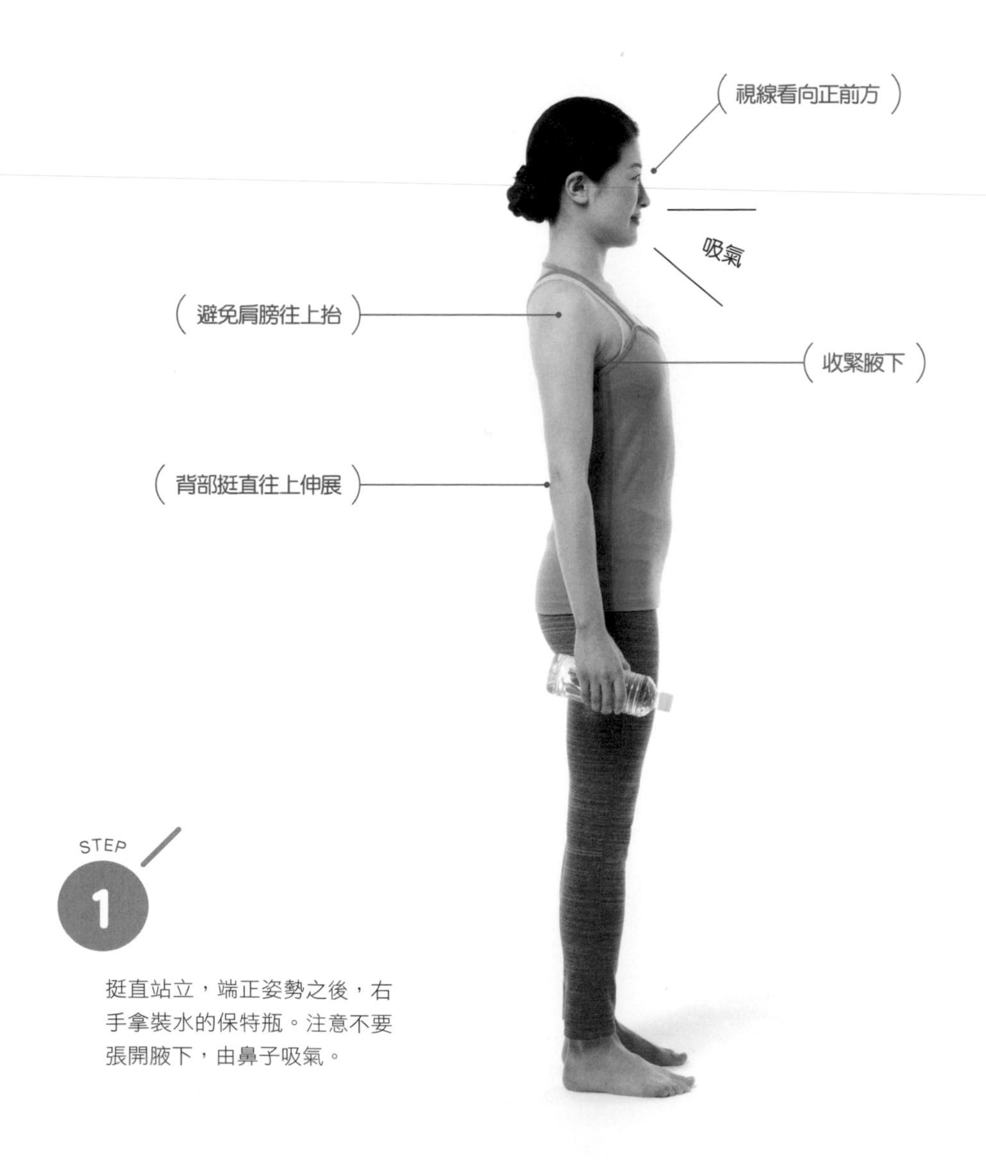

STEP 1

挺直站立，端正姿勢之後，右手拿裝水的保特瓶。注意不要張開腋下，由鼻子吸氣。

消除背部贅肉，揮別虎背熊腰

隨著年齡增加，明明體重沒有上升，腋下與背部卻冒出贅肉，其中最主要的原因是肌力不足，建議鍛鍊位於背脊上半部的肌肉。背部有許多肌群，只要確實地進行鍛鍊，即可燃燒脂肪並消除贅肉，背影會更顯俐落有型。體操的動作雖然不大，但雕塑體態的效果非常值得期待！

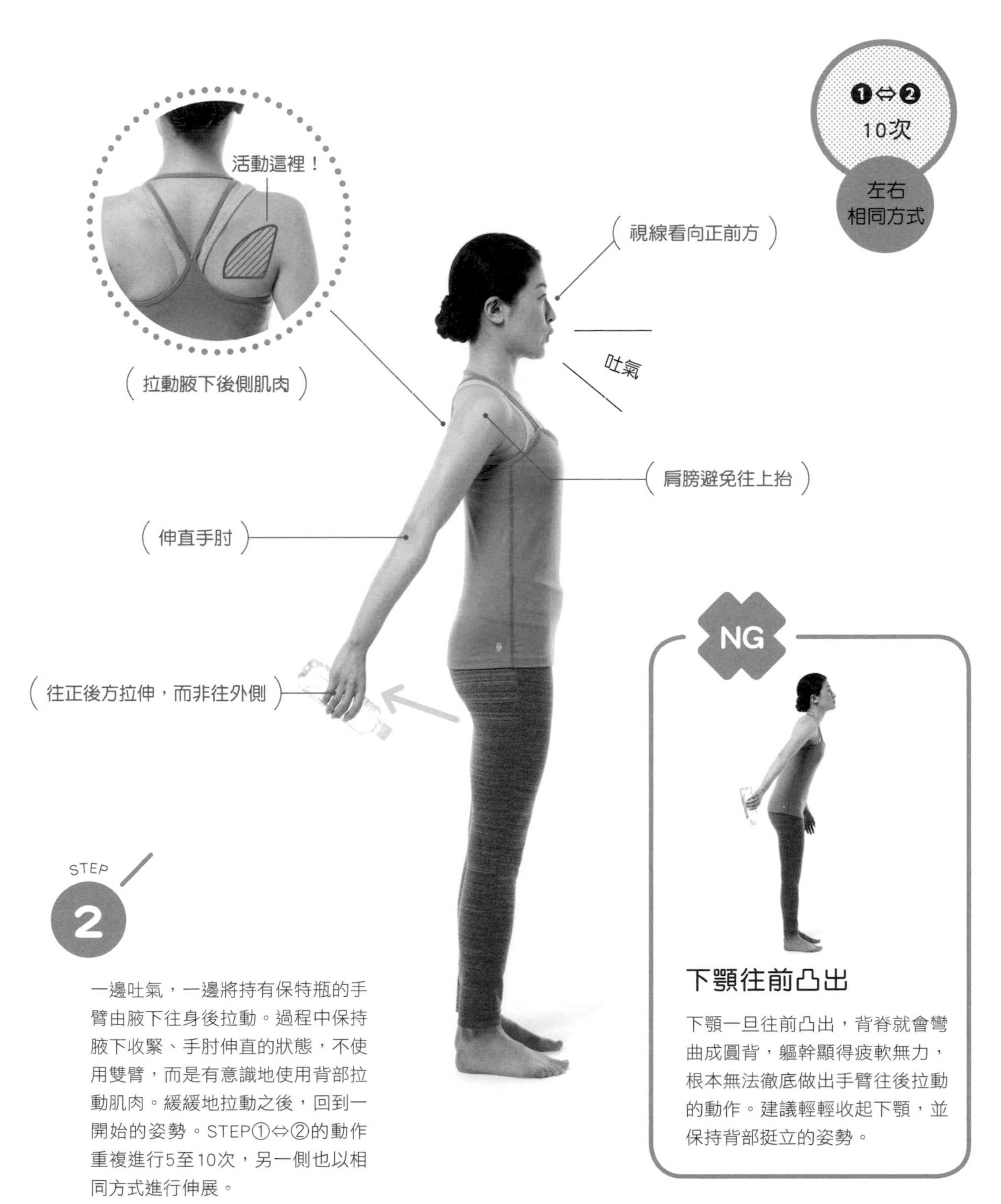

STEP 2

一邊吐氣，一邊將持有保特瓶的手臂由腋下往身後拉動。過程中保持腋下收緊、手肘伸直的狀態，不使用雙臂，而是有意識地使用背部拉動肌肉。緩緩地拉動之後，回到一開始的姿勢。STEP①⇔②的動作重複進行5至10次，另一側也以相同方式進行伸展。

下顎往前凸出

下顎一旦往前凸出，背脊就會彎曲成圓背，軀幹顯得疲軟無力，根本無法徹底做出手臂往後拉動的動作。建議輕輕收起下顎，並保持背部挺立的姿勢。

EXERCISE LEVEL ★★

MENU 2

從此告別蝴蝶袖！

雙臂緊實體操

STEP 1

右手拿著裝水的保特瓶，左腳向前跨一大步。左手放在大腿上，背部挺直後，上半身往前傾倒，右手肘彎曲，由鼻子吸氣。

肌肉一旦不使用，就會鬆軟無力

大部分女性幾乎都嚮往能夠擁有一雙纖細緊實的手臂，而手臂肌肉之所以會變成鬆弛的贅肉，主要原因是位於手臂外側（二頭肌的反側）的肌肉衰退。一般而言，在進行伏地挺身這類伸展手肘運動時，才會使用到手臂外側的肌肉。由於日常生活中鮮少出現這一類的活動，因此如果不特別鍛鍊，手臂外側的肌肉很容易就會完全鬆弛而下垂。做操時，請一邊感受作用的肌肉，一邊試著進行伸展。

❶⇔❷
10次

左右
相同方式

視線看向正前方

上臂的角度維持不變

吐氣

手肘高度不變，
由屈曲變為伸直

背部挺直往上伸展

收緊腋下

STEP
2

一邊吐氣，一邊將彎曲的右手肘伸直。上半身與上臂的伸展角度不變，只有手肘進行彎曲、伸直的動作。STEP①⇔②的動作重複進行10次，另一側也以相同方式進行伸展。

POINT

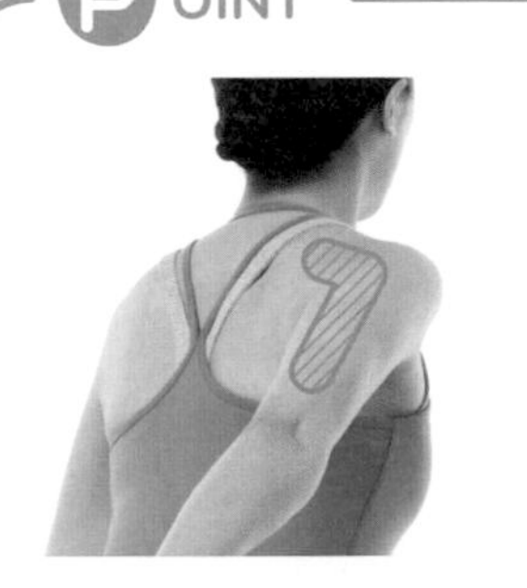

特別注意手臂外側

伸直手肘時，從腋下後側到雙臂的外側都會產生連動，請一邊意識這個部位確實有使用到，一邊重複動作。

MENU 3

全面鍛鍊軀幹

胸部＆腹部線條雕塑操

上半身線條 變得美麗而緊實

此動作能打造堅挺的胸部及無贅肉的腹部。雖然只是手拿保特瓶，但是手臂進行開合動作可活動到肩胛骨，進而有效鍛鍊胸部肌肉。只要讓上半身往後倒，進行手臂開合動作，就可使腹部更加緊緻有型。本單元示範以平衡球來輔助鍛鍊，如果手邊沒有這一類道具，也可以坐在椅子上進行體操。

A 鍛鍊胸部肌肉

STEP 1

雙手各拿一罐裝水的保特瓶，坐在平衡球上之後，雙腳間距離拉大。背部挺直往上伸展，重心穩定之後，一邊由鼻子吸氣，一邊張開雙臂，胸部也隨之擴展。做操時，請有意識地收攏左右肩胛骨。

STEP 2

一邊吐氣，一邊將展開的手臂往身體正中央緩緩收合。將收攏的肩胛骨重新拉展開來，這是關鍵動作！做操的過程中，上半身的姿勢不變，且須避免搖晃。STEP①⇔②的動作重複進行10次。

注意骨盆的角度

圖Ⓐ與Ⓑ的骨盆角度不同，如果身體像圖Ⓑ一樣骨盆後傾，請確認腹部是否用力。

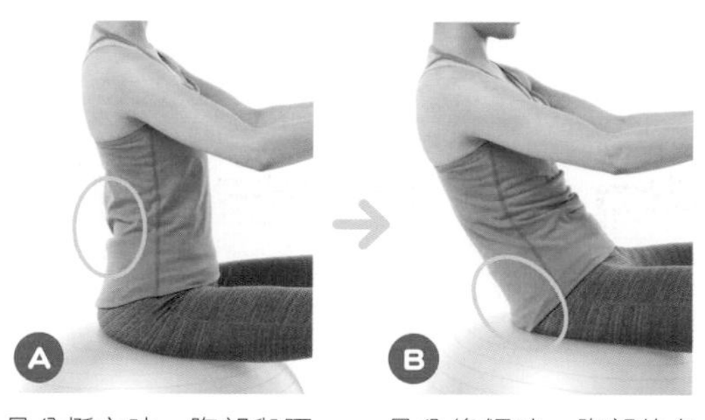

Ⓐ 骨盆挺立時，腹部與腰部皆會適度出力。

Ⓑ 骨盆後傾時，腹部的負荷會變大，進而可強化腹肌的鍛鍊。

B 緊實胸部&腹部

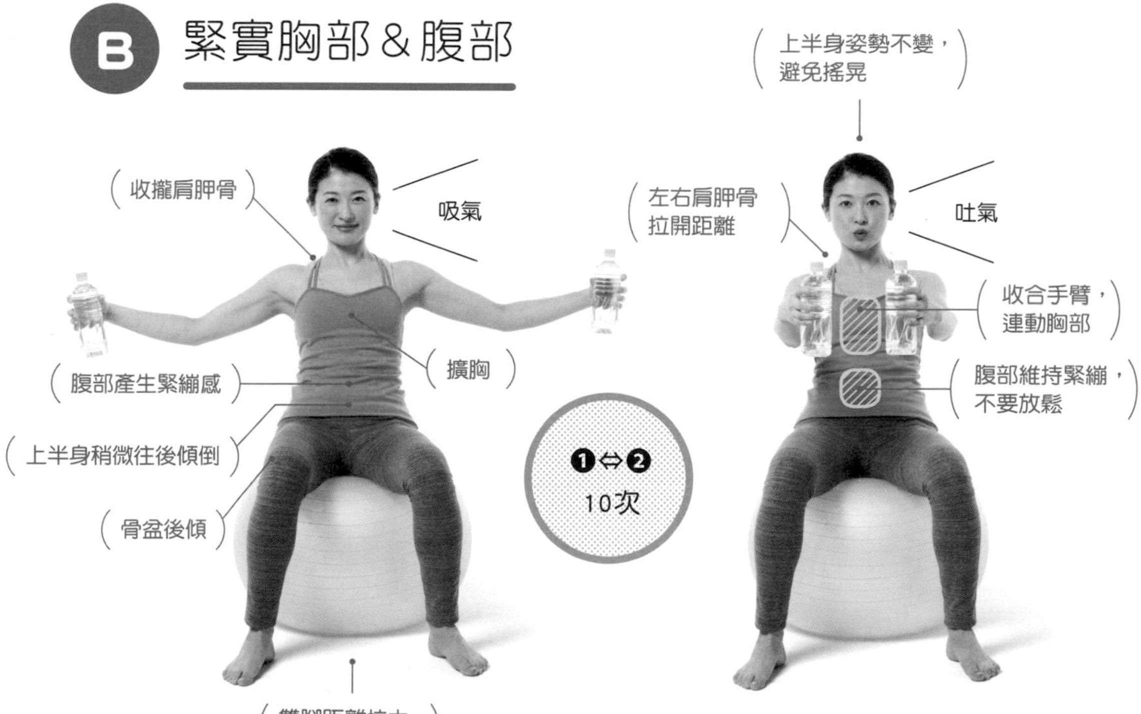

STEP 1

與P.46的Ⓐ相同，雙手拿著保特瓶，坐在平衡球上，接著上半身稍微往後傾倒，骨盆後傾，腹肌收縮。一邊由鼻子吸氣，一邊張開雙臂，胸部也隨之擴展。做操時，請有意識地收攏左右肩胛骨。

STEP 2

一邊吐氣，一邊將展開的手臂往身體正中央緩緩收合。將收攏的肩胛骨重新拉展開來，這是關鍵動作！腹部的力量請勿放鬆，做操的過程中請保持身體平衡，STEP①⇔②的動作重複進行10次。

（ 溫熱鍛鍊 2 ）

下半身
毛巾鍛鍊操

相較於上半身，下半身的肌肉量更多！鍛鍊下半身的肌肉，身體的產熱效應就會提升，平常再藉由走路或做家事等日常活動，就可提高熱量的燃燒率。在體操中稍加負荷進行訓練，一起逐步鍛鍊臀部、大腿和小腿肚吧！

延緩老化現象，強化肌肉的逆齡鍛鍊

本單元的伸展操採「弓步蹲」的姿勢，以下半身作為鍛鍊重點。「弓步蹲」是指一腳大步向前跨出後，腰部下沉，做出往下蹲的動作。雖然只是簡單的動作，但這個動作不但能夠鍛鍊到下半身的肌肉群，還可強化身體的平衡感，讓你重新擁有年輕的身體。

平衡力

雙腳前後打開，下蹲時身體容易失去平衡。保持弓步下蹲的姿勢有助於鍛鍊平衡力。

姿勢

為了保持平衡，必須運用骨盆與脊椎保持身體挺直的姿勢。藉由這套體操，可矯正不良姿勢。

軀幹

髖關節的屈曲伸展，會連帶使用到核心肌群，這些位於軀幹的深層肌肉連接著脊椎與大腿。腹部、背部的肌肉也會得到鍛鍊，進一步提升軀幹的肌力。

臀部

向前跨步的那一側臀部肌肉，強化效果最佳。此處的力量一旦放鬆，就無法保持弓步蹲的姿勢。

伸展髖關節

舒服地伸展後腳髖關節到大腿連結處的前側。對身體而言，這個動作是鍛鍊也是享受。

大腿前側・大腿內側

為了避免前腳搖晃，務使確實站好並支撐重量，大腿的前側與內側肌肉會產生作用，進而得到強化。

STAGE 1

做操前先試試看！

弓步蹲

請特別注意 膝蓋＆腳尖的角度

進行本單元的體操之前，請熟練弓步蹲的動作。初學者可能會比較不容易保持平衡，當身體產生搖晃時，只要單手撐在牆壁等處，就會比較容易做好動作。請遵守提示的注意事項，例如臀部施力、伸展背部、向前跨出的膝蓋不要搖晃等。

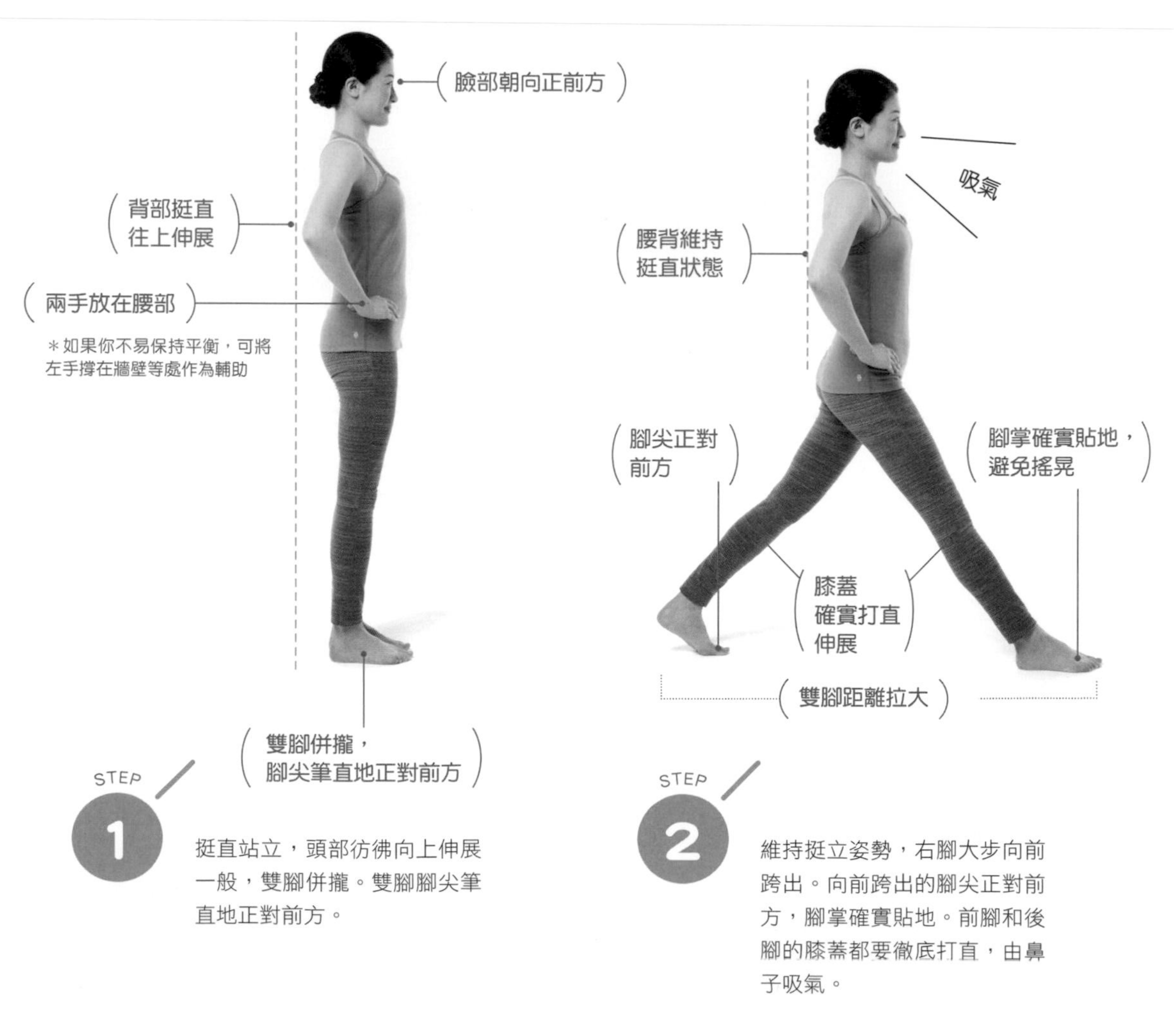

STEP 1

挺直站立，頭部彷彿向上伸展一般，雙腳併攏。雙腳腳尖筆直地正對前方。

STEP 2

維持挺立姿勢，右腳大步向前跨出。向前跨出的腳尖正對前方，腳掌確實貼地。前腳和後腳的膝蓋都要徹底打直，由鼻子吸氣。

ADVICE

左右若不易保持平衡，請小心地練習

試著觀察自己左、右哪一側較不易取得平衡，並請放慢速度，仔細地做動作。只要須運動到的肌肉確實施力，就會容易穩定平衡感。

膝蓋＆腳尖位置偏移

如果肌力不足，膝蓋很容易向內傾，這種狀況下，身體為了取得平衡，腳尖就會偏向外側。為了避免這種情形發生，腳尖要保持朝向正前方，再慢慢地將偏移的膝蓋轉向腳尖的方向。

膝蓋朝向前腳第二、第三趾間

腳尖正對前方

STEP 3

一邊吐氣，一邊慢慢地下沉腰部，屈膝至右大腿與地面平行的高度。骨盆以上保持挺立，向前跨出的腳尖與膝蓋筆直地朝向正前方。右臀肌肉的力量避免放鬆、無力。這就是「弓步蹲」的動作。另一腳也以相同方式練習。

前方視角……

腳尖、膝蓋一定要正對前方。後腳屈膝，膝蓋以上的部分與前腳小腿呈平行。如果肌力不足，向前跨出的那一腳就容易倒向內側。

STAGE2

保持美麗身形

基本毛巾弓步操

使用毛巾輔助，身體就能保持直立

熟練弓步蹲的動作之後，進一步使用毛巾輔助做操。每個家庭都有洗臉毛巾，雙手分別握住毛巾兩端，將毛巾繞到背後，一邊互相拉伸，一邊進行弓步蹲。透過毛巾的輔助，擴展胸部，且會方便保持上半身挺直的姿勢。做操的過程中，如果不易保持平衡，可先稍微下蹲再開始進行動作。

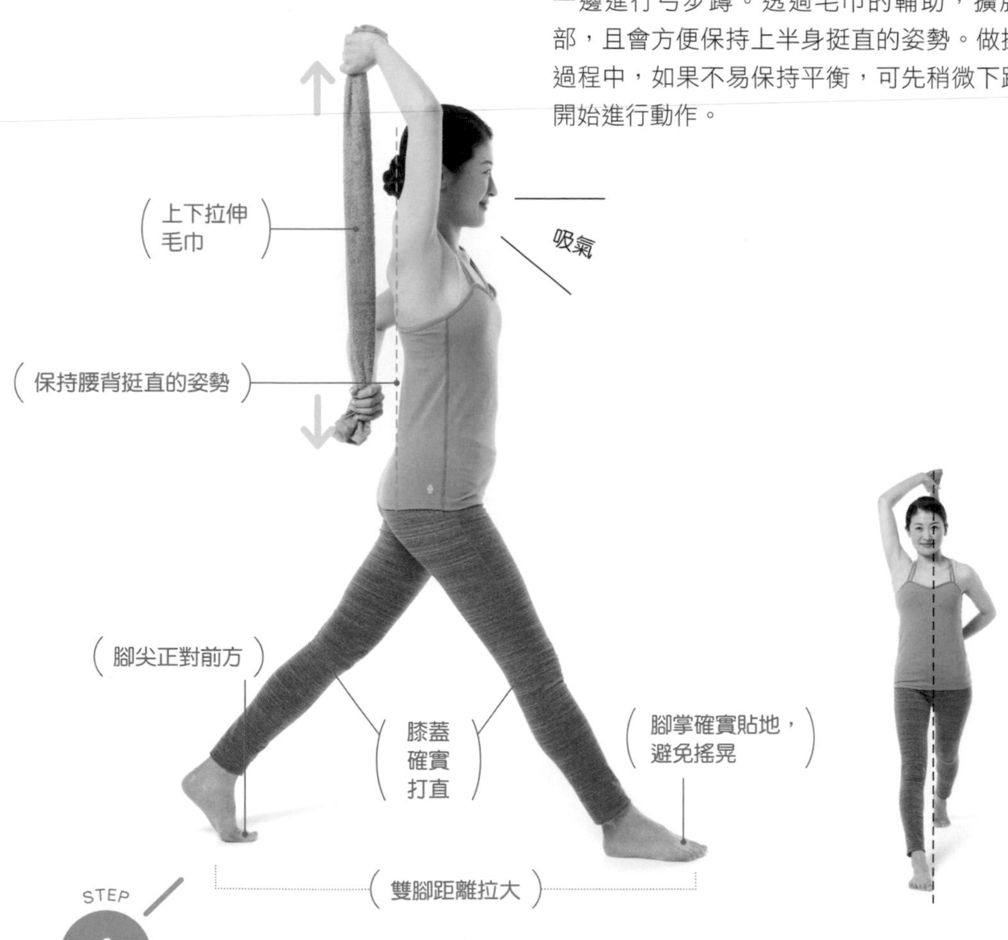

STEP 1

雙手分別握住毛巾兩端，右手在上，左手在下，將毛巾繞到背後。雙手拉伸，使毛巾與脊椎平行，右腳向前跨一大步，由鼻子吸氣。

前方視角……

毛巾的位於身體的中心線上。

向左向右偏

跨出去那一腳的臀部如果放鬆而施力不足，膝蓋容易偏向內側，上半身就會傾斜，毛巾也會歪斜，請特別注意。

向前傾

如果身體無法維持筆直的姿勢而向前傾，毛巾就會完全碰觸到身體。請收攏肩胛骨，擴張胸部，一邊拉伸毛巾，一邊保持挺立姿勢。

❶⇔❷
10次

左右
相同方式

STEP 2

一邊吐氣，一邊將跨出去的那一腳緩緩屈膝，身體下沉。雙手分別抓住毛巾一端，上下繃直拉伸，同時挺直背部。請有意識地避免毛巾歪斜，如果難以保持平衡，可先微蹲，不必立刻垂直屈膝，習慣姿勢之後，再逐漸往下蹲。STEP①⇔②的動作重複進行10次，另一側也以相同方式進行伸展。

前方視角……

腳尖、膝蓋務必正對前方，身體姿勢保持挺直。膝蓋朝向跨出去那一腳的第二、第三腳趾之間。

後方視角……

左右肩胛骨收攏，雙手拉緊毛巾，毛巾保持與地板垂直。

STAGE3

美麗升級加強版

進階毛巾弓步操

臀部施力，有助穩定身體平衡

當你已經可以輕鬆地進行基本毛巾弓步操時，接下來就試著挑戰加重負荷的鍛鍊吧！這次進行弓步蹲時，要將毛巾橫舉於頭頂上方，再添加轉體動作。透過轉體，可活動到腹部周圍的肌肉，進行鍛鍊。弓步蹲本來就不易保持平衡，請特別注意跨出去那一腳的臀部出力狀況。這個動作不複雜，但是可以加強鍛鍊軀幹至下半身肌肉。

STEP 1

雙腳併攏，挺直站立，雙手緊握毛巾兩端，橫舉於頭頂上方。手肘伸直，雙手左右拉伸毛巾。

STEP 2

右腳大步向前跨出，由鼻子吸氣。

毛巾偏斜

如果上半身往前傾且手臂彎曲，頭部就會完全偏離毛巾正中央的位置。請避免改變頭部的位置，保持挺直姿勢，並以此姿勢進行轉體動作。

❷⇔❸
5次
左右相同方式

STEP
3

一邊吐氣，一邊將跨出去的那一腳緩緩屈膝，身體下沉，上半身往右側轉體。不只是腰部，連同整個脊椎都要一起像扭毛巾似地進行轉體，這是鍛鍊的關鍵！請留意頭部保持在毛巾正中央的位置上。STEP②⇔③的動作重複進行5次，另一側也以相同方式進行伸展。

（　炙熱鍛鍊 1　）

玩心十足！卡片深蹲訓練

由弓步蹲再進一步，進行深蹲訓練。深蹲必須將雙腳屈膝伸展，保持平衡的困難度提高，進而提升了運動的強度。等到可完全進行深蹲時，建議以卡片遊戲的方式，在充滿趣味的氛圍中進行深蹲訓練。

鍛鍊多處肌肉群，同步強化關節功能

深蹲訓練的第一步是站立，再接著進行屈膝或伸展的運動。利用自己本身的重量，能夠有效地鍛鍊臀部、大腿等下半身的大肌肉。大肌肉一旦得到訓練，即可有助於燃燒大量熱量，肌肉量增加可打造出高產熱效應、不易肥胖的體質。膝蓋與髖關節充分得到運動，關節功能因此得到強化，身體就能夠在做出動作時，顯得元氣十足。

軀幹

為了保持骨盆與脊椎的位置，充分使用到腹部、背部等軀幹上的肌肉，有助於提升肌力。

臀部・大腿後側

支撐體重的臀部與大腿後側的肌肉被充分使用，增加提臀效果。

熱量燃燒

運用到身體許多部位的肌肉群，有助於燃燒大量熱量。

平衡力

為了維持平衡身體平衡，可提高不同部位肌肉群的連動機能。

大腿前側

大腿前側容易隨著年齡增長或運動不足而日漸衰弱，藉由體操可得到鍛鍊。

關節

髖關節、膝關節、腳踝進行屈曲伸展，可提升關節的柔軟度與強度，步行時會更加穩定。

STAGE 1

做操前先試試看！

深蹲動作

鍛鍊大腿後側，提升肌力

利用深蹲動作來屈曲髖關節是極為重要的鍛鍊。當髖關節屈曲、身體下蹲時，自然而然就會屈膝，此時彎曲的膝蓋請避免凸出於腳尖。如果深蹲時膝蓋超過腳尖，就無法鍛鍊到有助於提臀的大腿後側或臀部，也會導致膝蓋疼痛。膝蓋彎曲時，請注意膝蓋應朝向腳尖方向。

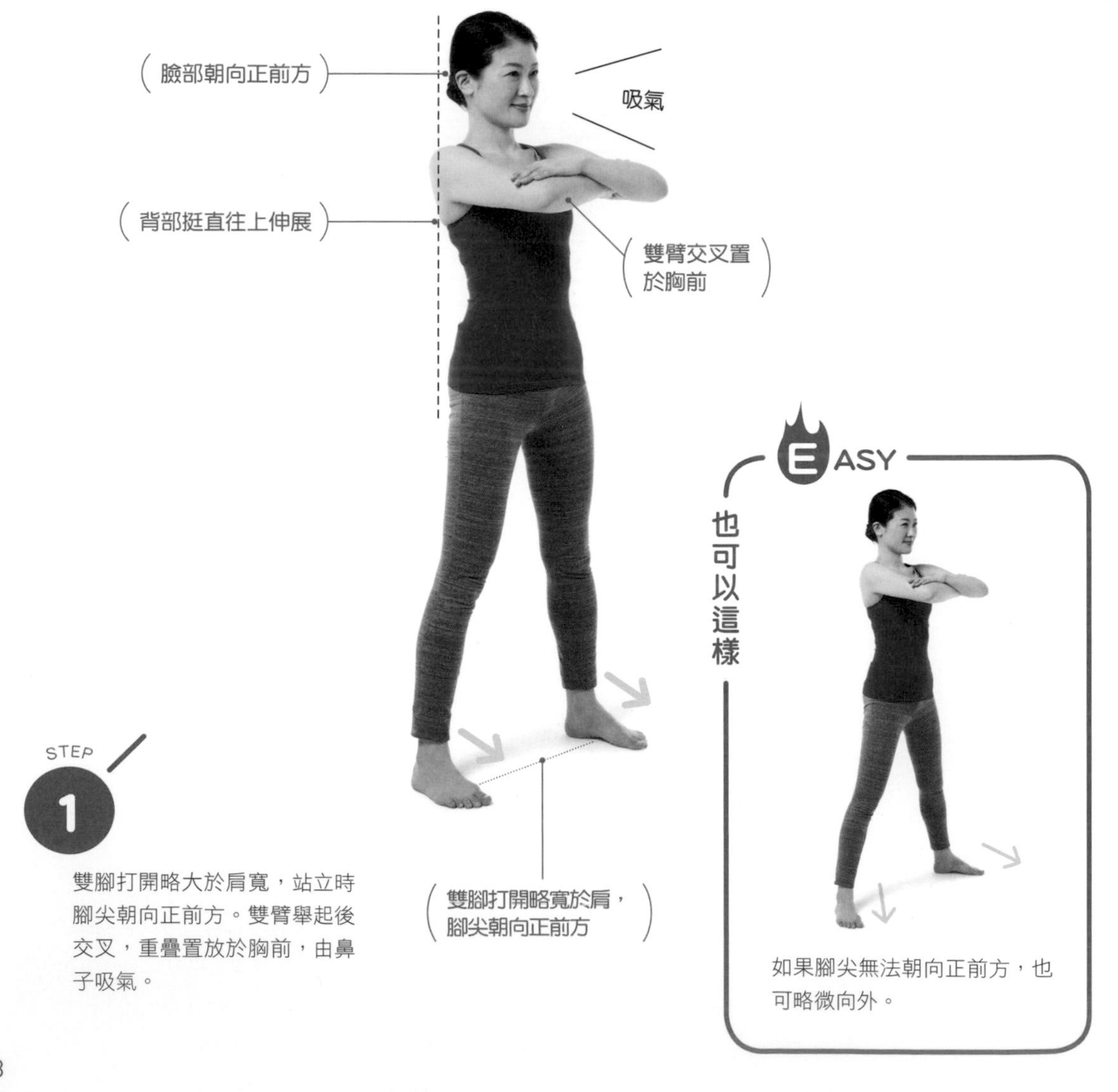

STEP 1

雙腳打開略大於肩寬，站立時腳尖朝向正前方。雙臂舉起後交叉，重疊置放於胸前，由鼻子吸氣。

如果腳尖無法朝向正前方，也可略微向外。

屈膝時超過腳尖

膝蓋彎曲時如果超過腳尖，就無法使用到臀部與大腿後側的肌肉。

膝蓋變成內八字

雙腳膝蓋呈現內八字，腳尖方向大幅偏離正前方。如果肌力不足，很容易出現這種姿勢，而且可能會導致關節疼痛，請多加留意。不需要急著做出下沉、深蹲動作，請務必先把基本的正確姿勢調整到位。

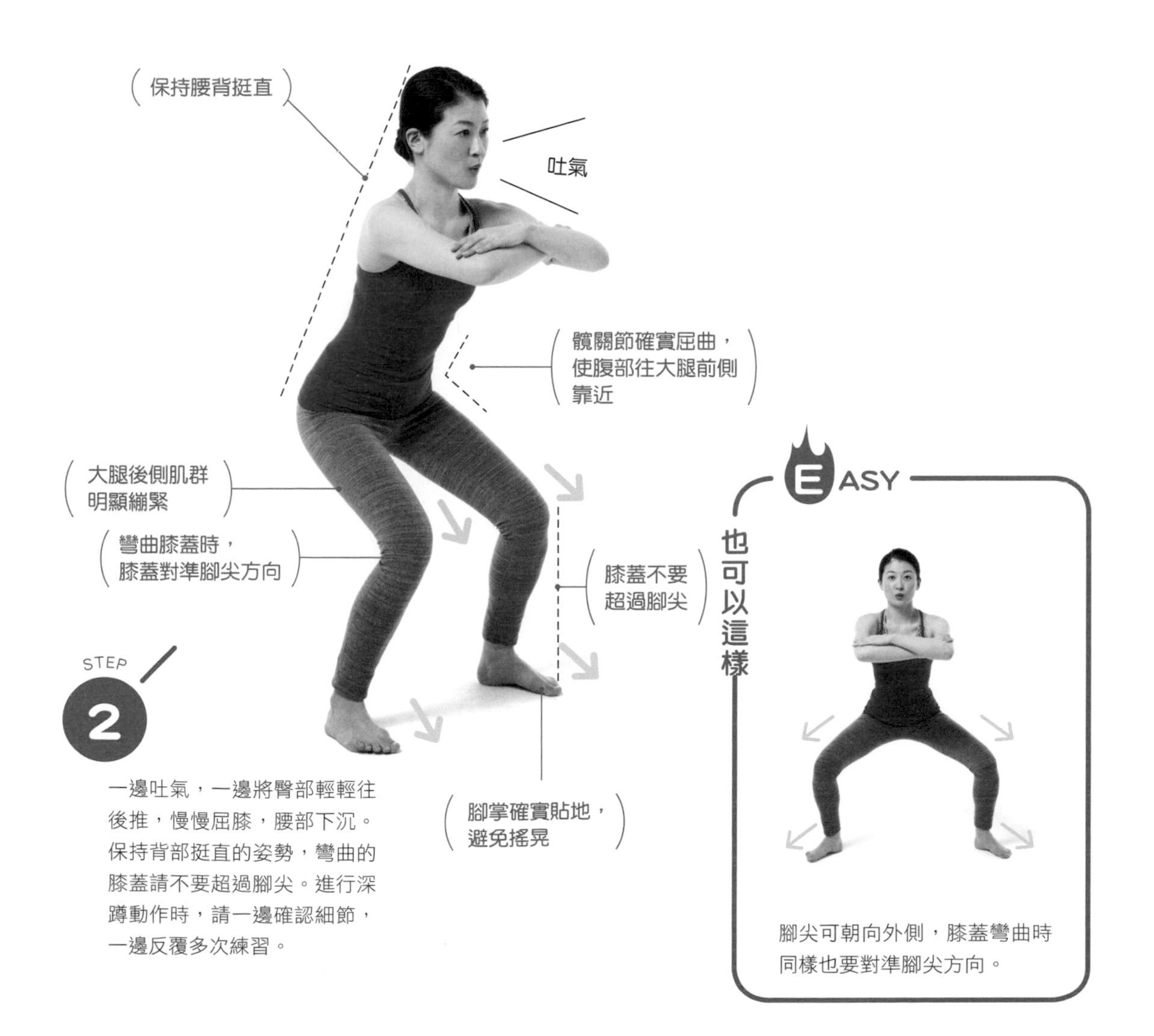

一邊吐氣，一邊將臀部輕輕往後推，慢慢屈膝，腰部下沉。保持背部挺直的姿勢，彎曲的膝蓋請不要超過腳尖。進行深蹲動作時，請一邊確認細節，一邊反覆多次練習。

腳尖可朝向外側，膝蓋彎曲時同樣也要對準腳尖方向。

STAGE2

以椅子作為輔具

緩和型深蹲訓練

A 站在椅子前方

❶⇔❷
5至10次

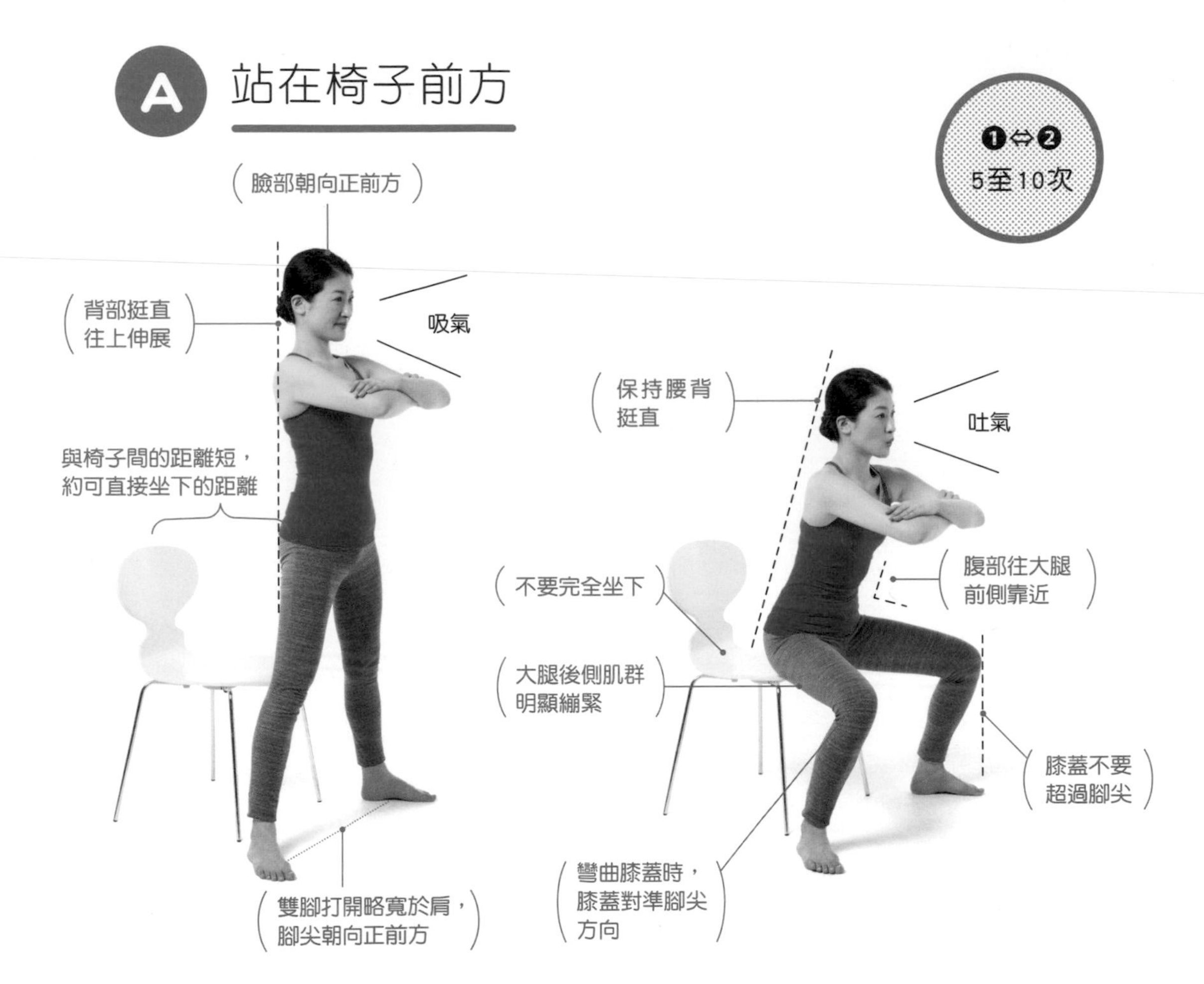

STEP 1

站立於椅子前方，雙腳打開，距離略大於肩寬，背部挺直。雙臂舉起後交叉，重疊置放於胸前，由鼻子吸氣。

STEP 2

一邊吐氣，一邊屈膝，彷彿打算坐在後方椅子上似地，腰部下沉，彎曲的膝蓋不要超過腳尖。當臀部輕觸椅子時，再一邊吸氣，一邊伸直膝蓋。STEP①⇔②的動作重複進行5至10次。

只要放張椅子，就能增加穩定感

如果肌力不足，深蹲時雙腳難以完全支撐體重，很容易做出不正確的姿勢。如果你的肌力不佳，請先嘗試使用椅子作為輔助道具。本單元介紹了以椅子作為輔具的兩種做操方式，不論是哪一種方法，請記得，椅子只是輔助的角色，做操時身體只能輕觸椅子。等到動作完全熟練，就可嘗試不使用椅子。

ADVICE

建議使用這些種類的椅子

建議使用家中現有的餐椅。請選擇穩定性佳的椅子，且避免使用像沙發那一類椅面過低的椅子。

B 站在椅子後方

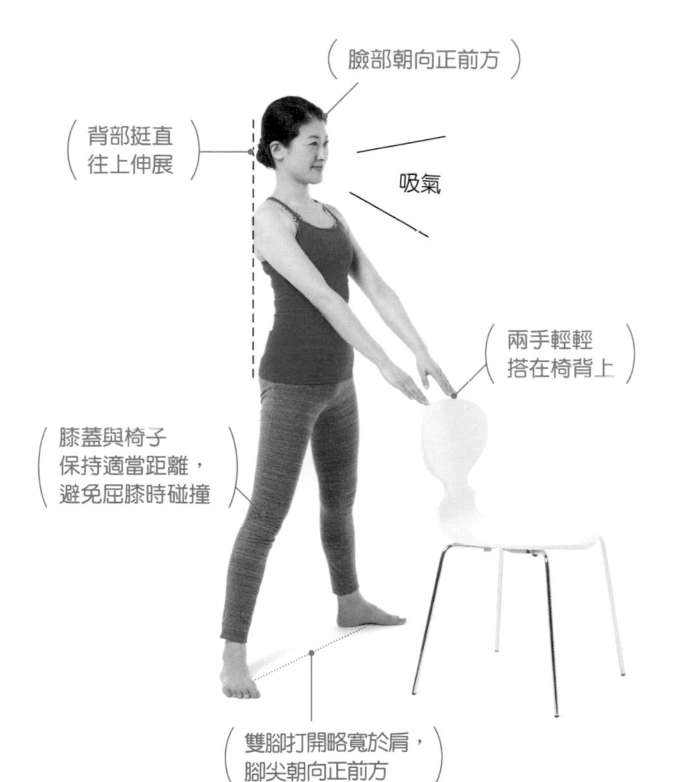

❶⇔❷ 5至10次

STEP 1

站在椅背後方，身體與椅子間保持適距離。雙腳打開，距離略大於肩寬，背部挺直。雙手伸直，輕輕搭在椅背上，由鼻子吸氣。

STEP 2

一邊吐氣，一邊屈膝，腰部下沉。注意膝蓋不要超過腳尖，並感覺大腿後側肌群逐漸繃緊。慢慢屈膝之後，再一邊吸氣，一邊伸直膝蓋，回到STEP①。STEP①⇔②的動作重複進行5至10次。

STAGE 3

以遊戲的心情進行鍛鍊

卡片深蹲訓練

增加遊戲次數，促進熱量燃燒

卡片深蹲訓練對肌肉的鍛鍊很具效果，同時還可在愉快的心情下進行鍛鍊。手持13張喜歡的圖案卡，一邊深蹲，一邊將卡片一張一張地放在地板上，待全部放好之後，再一張一張地撿起來。全部重新撿起卡片時，就進行了總共26次的深蹲。做動作時不要憋氣，保持自然呼吸進行有氧運動，可促使熱量高效燃燒。

STEP 1

手持13張卡片，雙腳打開，距離略大於肩寬，挺直站立。臉部朝向正前方。

STEP 2

一次
只放一張

掌握深蹲的要領屈膝，腰部下沉，將一張卡片放在地板上。

HARD

加強訓練

小幅度上下活動

進行一輪撿卡片深蹲訓練之後，如果還有餘力，建議可放下卡片，保持屈膝狀態，手放在大腿根部，試著小幅度上下移動，這個訓練可進一步強化大腿與臀部的肌肉。

共做
26次深蹲

全部放在地板上
之後

一次
只撿一張

STEP 3

每放一張卡片，就伸直膝蓋，再進行第二次的深蹲，放下一張卡片。重複動作，直至將13張卡片全部放在地板上。

STEP 4

進行13次的深蹲之後，手上的卡片已經全數放在地板上，這時先休息30秒。接著每進行一次深蹲，就撿回一張卡片，等撿完13張卡片之後，即結束整組動作，完全一輪的訓練。

（ 炙熱鍛鍊 2 ）

全身動起來！移步燃脂操

藉由伸展操與肌肉鍛鍊，逐漸打造出高產熱效應的體質。除了局部訓練之外，建議上半身和下半身的肌肉可一起進行總動員，讓熱量迅速地燃燒！這些動作在室內就能進行，即使平常工作忙碌，或遇上雨天無法外出運動，這些體操絕對可以解決你運動量不足的問題。

以平衡力判斷體力年齡

本單元的移步運動加入了單腳站立的動作，以單腳站立保持靜止時，平衡力絕對不可欠缺。練習體操時可調整大腦神經，調節肌力、平衡感、視覺，並修正失衡的各種機能，這些人體活動的要素彼此息息相關。老年人體力測試的項目中包括了單腳站立，一旦做不了這個動作，即使實際年紀輕也會被判斷為體力低下。先以單腳站立來確認你的平衡力吧！

CHECK!

Q.

可以維持幾秒鐘？

張開雙眼，雙手自然下垂，單腳抬高距離地面5cm以上。保持這個姿勢，你可以堅持幾秒鐘呢？抬起的那一腳如果著地，或著地的那一腳移位，就不能算是單腳站立了。雙腳都檢測看看，年長者可站在牆壁旁檢測，避免跌倒。

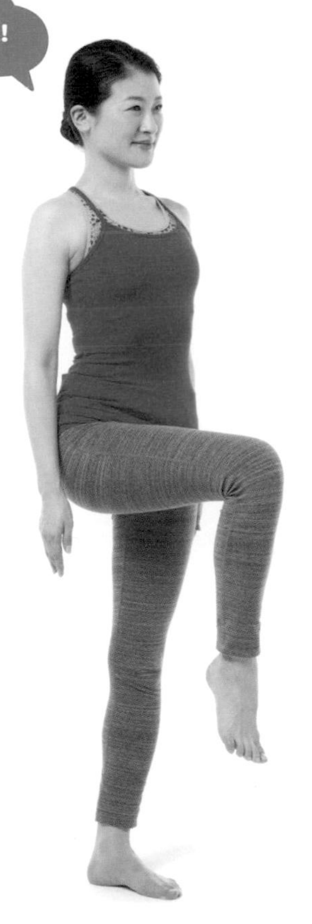

（診斷）

□ 雙腳都超過1分鐘以上

肌力或平衡感皆無老化現象，身體具有十分良好的平衡感。請繼續保持這個狀態。

□ 只有單腳超過1分鐘以上

雖然尚有平衡力，但肌肉或身體的使用方式卻存在著左右差異。請訓練不擅長的那一側，讓那一腳也能順利地單腳站立。

□ 單腳超過20秒以上

如果測試者是75歲以上的老年人，「單腳站立20秒」算是及格。如果是年輕人，這就表示身體的平衡力相當不足，需要努力加強。

□ 雙腳皆未達20秒

此為75歲以上老年人的等級。由於運動能力衰退，隨著年齡的增加，跌倒的風險也會隨之增加，平時活動請特別注意安全。

STAGE 1

提高平衡感

單腳站立訓練

特別提醒自己背部要挺直

P.68至P.69介紹弓步蹲抬膝操，由單腳站立的姿勢開始加入向前抬膝的動作。單腳站立時，如果身體失去平衡，就無法確實完成後續動作，也就無法完成體操，所以請先進行單腳站立訓練，加強身體平衡感。在穩定狀況下靜止時，保持骨盆與脊椎的垂直角度極為重要。請將手放在骨盆上，有意識地不讓身體往左右傾斜。

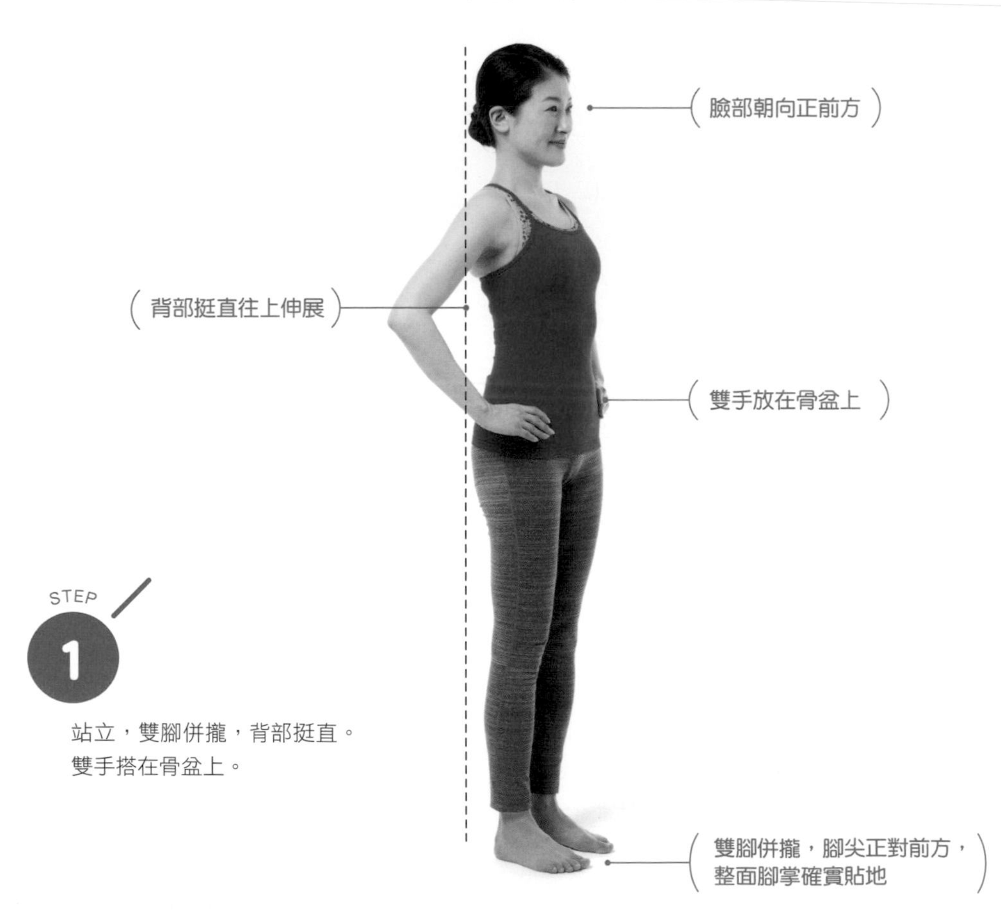

STEP 1

站立，雙腳併攏，背部挺直。
雙手搭在骨盆上。

ADVICE

左右腳都試試看！

左右腳分別都進行練習，使左右兩腳都能單腳穩定站立。如果擔心跌倒，或年齡較大，為了確保安全，請背對著牆壁站立進行練習。

NG

骨盆與脊椎傾斜

平衡力不足，骨盆就會往左或往右傾斜，甚至失去重心往後跌。身體一旦失去平衡，請不要勉強硬撐，請重新雙腳站好之後，再做一次。

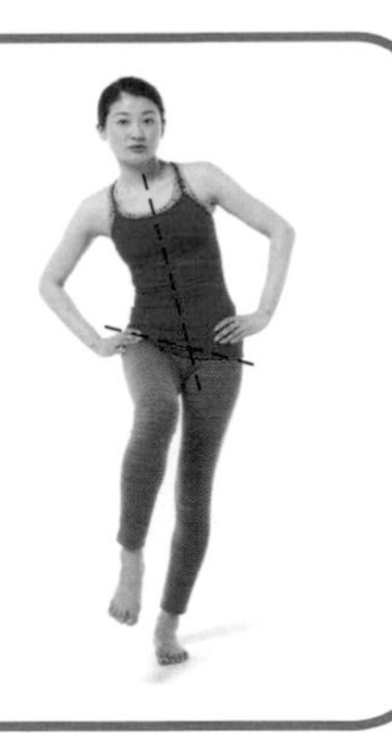

STEP 2

左腳抬離地板約5cm以上，形成單腳站立的狀態。左腳腳掌確實貼地，腳趾出力抓牢地面。想像頭部被拉向天花板，縱向伸直腹部，穩定重心。以左右手確認骨盆沒有傾斜。

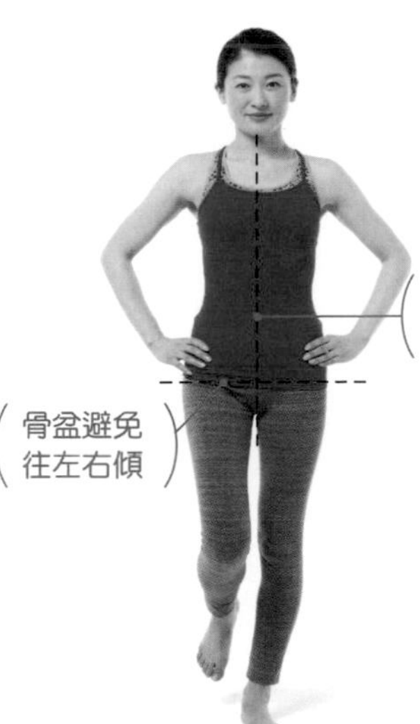

前方視角……

骨盆與地板平行，脊椎與骨盆形成垂直狀態。背部挺直往上拉提，上半身保持中立，身體不偏不倚。

STAGE 2

向前大步走！

弓步蹲抬膝操

STEP 1

左腳大步跨出，屈膝，做出基本的弓步蹲姿勢（請參照P.50至P.51）。右手在前，左手在後，保持身體平衡。

STEP 2

伸直左腳，右腳往前大步抬起，形成單腳站立的姿勢。想像頭部被拉往天花板，縱向拉伸軀幹。抬起的那一腳大腿與地板保持平行，同時替換左右手臂的前後位置。左腳整面腳掌完全貼地，以腳趾施力抓住地面，取得身體的平衡。

弓步蹲加上
大步抬膝動作

第6回（P.50至P.51）介紹了弓步蹲，本單元加上了單腳站立的動作。比起基本的弓步蹲，這套體操更難保持平衡，必須更強而有力地使用到軀幹與下半身的肌肉。這些運動能提升身體的含氧量，促使燃燒大量的熱量。首先進行單腳練習，習慣單腳站立之後，請左右腳交替重複練習，再以弓步蹲作為起始動作，進行單腳抬膝操。

❷⇔❸
10次

左右
相同方式

STEP
3

左腳屈膝，腰部下沉，身體蹲下的同時，抬起的右腳往後踏，回到一開始的弓步蹲姿勢。保持背部挺直，注意上半身保持中立，避免過度前傾。STEP②⇔③的動作重複進行10次，換腳以相同方式練習。

HARD 進階鍛鍊

挑戰腳尖站立

如果你可以輕鬆完成單腳站立，建議熟悉動作後，在STEP②單腳站立時踮起腳尖，形成以腳尖站立的姿勢。單腳大步抬膝的動作可增加肌肉的負荷，而以腳尖站立時，身體會更難保持平衡，可強化訓練效果。

ADVICE

習慣動作之後，試著往前步行

等到左右腳都練習至穩定之後，可試著左右腳交替動作，實際向前跨步而行。

STAGE3

左右移動強化下半身肌肉

深蹲移步操

上半身下沉，保持深蹲姿勢

第7回（P.58至P.59）介紹了深蹲動作，本單元加上了左右移動的動作。在練習深蹲時，單純只是練習膝蓋的屈曲與伸展，本單元則須在兩腳屈膝的狀態下進行活動。本體操針對下半身的肌肉持續增強負荷，可更進一步強化大腿、臀部等下半身的肌肉群。練習時，請保持基本的深蹲姿勢。

STEP 1

雙腳大幅度打開，屈膝時盡量將臀部往後推。雙手握合置於胸前，腳尖、膝蓋略微朝向外側，身體保持平衡。

STEP 2

重心移動至左腳上，盡可能不要改變腰部與頭部的高度，上半身也向左邊移動。

POINT

盡可能不改變身體高度

如果下半身肌力不足，很容易在動作的過程中伸直膝蓋，使腰部位置上抬，請特別留意。自始至終，都要刻意維持深蹲姿勢，膝蓋與頭部都要保持固定的高度。

❶⇒❹
5次
共做3輪

STEP 3

維持深蹲姿勢，右腳向左靠，使重心平均分配於兩腳上。

STEP 4

左腳向左邁出一大步後，回到起始的深蹲姿勢。STEP①⇒④的動作重複進行5次，側步單向前進。換另一腳以相同方式進行5次，即完成1輪動作。總共須做3輪。

國家圖書館出版品預行編目(CIP)資料

極速產熱燃脂操：肌肉發熱，讓你一身健美 / 中村格子作；彭小玲譯. -- 初版. -- 新北市：養沛文化館出版：雅書堂文化發行, 2019.02
面； 公分. -- (SMART LIVING養身健康觀；120)
譯自："熱トレ"で健康的にシェィプアップ！
ISBN 978-986-5665-69-2(平裝)

1.塑身 2.健身運動

425.2 108000969

SMART LIVING養身健康觀 120

極速產熱燃脂操

肌肉發熱，讓你一身健美

作　　者／中村格子
翻　　譯／彭小玲
發 行 人／詹慶和
總 編 輯／蔡麗玲
執行編輯／李宛真
編　　輯／蔡毓玲・劉蕙寧・黃璟安・陳姿伶・陳昕儀
執行美術／韓欣恬
美術編輯／陳麗娜・周盈汝
內頁排版／鯨魚工作室
出 版 者／養沛文化館
發 行 者／雅書堂文化事業有限公司
郵政劃撥帳號／18225950
戶　　名／雅書堂文化事業有限公司
地　　址／新北市板橋區板新路206號3樓
電子信箱／elegant.books@msa.hinet.net
電　　話／(02)8952-4078
傳　　真／(02)8952-4084

2019年2月初版一刷　　定價 280元

"NETSU-TORE" DE KENKOTEKI NI SHAPE UP! lectured by Kakuko Nakamura

Original Japanese edition published by NHK Publishing, Inc.
This Traditional Chinese edition is published by arrangement with NHK Publishing, Inc., Tokyo in care of Tuttle-Mori Agency, Inc., Tokyo through Keio Cultural Enterprise Co., Ltd., New Taipei City.

經銷／易可數位行銷股份有限公司
地址／新北市新店區寶橋路235巷6弄3號5樓
電話／(02)8911-0825　傳真／(02)8911-0801

STAFF

設計　野本奈保子（ノモグラム）
　　　北田進吾（キタダデザイン）
　　　堀 由佳里
　　　佐藤江理（キタダデザイン）
攝影　神ノ川智早
插圖　前田はんきち
髮型　AKI
造型　須田遥華
模特兒　大橋規子（スペースクラフト）
編輯協力　江口知子
取材協力　浅野まみこ
　　　ウーマンウェルネス研究会